Felix Müller

Zeittafeln zur Geschichte der Mathematik, Physik und Astronomie

Verlag
der
Wissenschaften

Felix Müller

Zeittafeln zur Geschichte der Mathematik, Physik und Astronomie

ISBN/EAN: 9783957000903

Auflage: 1

Erscheinungsjahr: 2014

Erscheinungsort: Norderstedt, Deutschland

Webseite: http://www.vdw-verlag.de

Cover: Foto ©Rainer Sturm / pixelio.de

ZEITTAFELN

ZUR

GESCHICHTE DER MATHEMATIK,

PHYSIK UND ASTRONOMIE

BIS ZUM JAHRE 1500,

MIT HINWEIS AUF DIE QUELLEN-LITERATUR

VON

Dr. FELIX MÜLLER,

PROFESSOR AM KÖNIGLICHEN LUISENGYMNASIUM ZU BERLIN,
MITGLIED DER KAISERLICH LEOPOLDINISCHEN AKADEMIE.

LEIPZIG,

DRUCK UND VERLAG VON B. G. TEUBNER.

1892.

Vorwort.

Bei dem stets wachsenden Interesse, welches die Mathematiker in den letzten Decennien für die historische Entwickelung ihrer Wissenschaft gezeigt haben, wird ein Buch, welches den Zweck verfolgt, das Studium der Geschichte der mathematischen Wissenschaften zu erleichtern, nicht überflüfsig erscheinen. Vorliegende Zeittafeln zur Geschichte der Mathematik, Physik und Astronomie suchen diesen Zweck in doppelter Hinsicht zu erfüllen. Einmal geben sie eine kurze chronologische Übersicht über die Mathematiker, Physiker und Astronomen des Altertums und des Mittelalters bis zum Jahre 1500, dem Beginn der Renaissance der exakten Wissenschaften in Deutschland; andrerseits weisen sie behufs eingehenderer Studien auf die Quellen-Literatur für die Geschichte der genannten Wissenschaften hin. Zeittafeln oder Tabellen sind für die allgemeine Weltgeschichte neben zusammenhängenden Darstellungen schon lange in Gebrauch; sie haben den Vorzug, sich leichter dem Gedächtnis einzuprägen, die Übersicht zu erleichtern und oft eine schnellere Orientierung zu ermöglichen. Hier ist der ähnliche Versuch einer chronologisch-tabellarischen Darstellung für ein begrenztes Gebiet der Kulturgeschichte gemacht. Vielleicht lassen sich unsere Zeittafeln auch als Leitfaden bei Vorträgen über Geschichte der Mathematik benutzen. Der Hinweis auf die Quellen-Literatur wird bei dem Mangel an einer brauchbaren mathematischen Bibliographie, insbesondere für die noch junge mathematische Geschichtswissenschaft, dem Studierenden willkommen sein. Ein ausführliches Namen- und Sachregister wird den Wert des Buches als Nachschlagebuch erhöhen.

Was die chronologische Anordnung betrifft, so geben die Zahlen die durchschnittliche Blütezeit derjenigen, welche sich um die Entwickelung der genannten Wissenschaften verdient gemacht haben. Diese Zahlen sind also nicht absolut zu nehmen, sondern sind mit dem Wörtchen „um" versehen zu denken und bestimmen nur ungefähr die chronologische Reihenfolge. Je sicherer man Geburts- und Todesjahr eines Mannes, den Zeitpunkt

für einzelne biographische Ereignisse, das Jahr der Abfassung
seiner Schriften und ähnliches kennt, desto schwieriger ist es,
ein bestimmtes Jahr als Blütezeit anzugeben. Daher würde ich
für die neuere Geschichte der exakten Wissenschaften von der
Auswahl eines einzelnen Durchschnittsjahres ganz absehen. Aber
für das Altertum und zum Teil noch für das Mittelalter
können und müssen wir uns oft mit einer einzelnen Zeitangabe
begnügen. Ja, bei der Spärlichkeit der Quellen und der bio-
graphischen Notizen sind wir hinsichtlich der immerhin notwendigen
Auswahl einer solchen Zahl für die durchschnittliche Blütezeit auf
grofse Schwierigkeiten gestofsen und können das ausgewählte
Datum oft nur als wahrscheinlich hinstellen. Sollten wir einen
wichtigen Repräsentanten unserer Wissenschaft ganz fortlassen aus
Mangel an chronologischen Daten? Was macht der Geograph,
wenn ihm der Lauf eines Flufses zum Teil noch nicht bekannt
ist? Er zeichnet ihn in seine Karte ein und freut sich der
späteren Forschungen, selbst wenn das Ergebnis derselben mit
seiner Vermutung in Widerspruch steht.

Als vor mehr als Jahresfrist das Manuskript des vor-
liegenden Buches zum Druck eingereicht wurde, machte mir der
Herr Verleger die freundliche Mitteilung, dafs der zweite Band
der „Vorlesungen über Geschichte der Mathematik" des Herrn
M. Cantor soeben unter die Presse gekommen sei. Selbst-
verständlich liefs ich mir nicht die Gelegenheit entgehen, diese
längst mit Sehnsucht erwartete Fortsetzung des klassischen Ge-
schichtswerkes zur Revision meiner Zeittafeln zu benutzen. Für
die sofortige Übersendung der mir zu diesem Zwecke freundlichst
überlassenen Reindruckbogen spreche ich dem Herrn Verleger sowie Herrn Professor Dr. M. Cantor hier meinen verbindlichsten
Dank aus. Leider verzögerte sich das Erscheinen der Zeittafeln
durch eine Krankheit, welche mich längere Zeit am Arbeiten
hinderte.

Meinem Freunde Herrn Prof. Dr. Wangerin und meinem
jüngeren Kollegen Herrn Dr. Rannow, welche mich bei der Kor-
rektur freundlichst unterstützten, sage ich meinen besten Dank.

In der Hoffnung, dafs das Buch dazu beitragen möge, die
Liebe zum Studium der Geschichte der mathematischen Wissenschaften zu fördern, bitte ich kompetente Beurteiler um eine wohl-
wollende Aufnahme desselben.

Berlin, den 4. September 1892.

Felix Müller.

Inhalt.

Druckfehler.

Seite 1 Zeile 4 v. u. Lepsius statt Lipsius.
„ 2 „ 5 v. o. Lepsius statt Lipsius.
„ 10 „ 14 v. o. Heraklea statt Heraklaa.
„ 21 „ 20 v. o. Lepsius statt Lipsius.
„ 23 „ 9 v. u. Apollonius statt Archimedes.
„ 47 „ 6 v. o. Wöpcke statt Wöpche.
„ 60 „ 6 v. u. Rhythmomachia statt Rhytmomachia.
„ 61 „ 6 v. o. III. Abt. statt Suppl.

I. Zeittafel. 3000—600 v. Chr.

Älteste Zeit. Ägypter, Babylonier, Chinesen.

3000—2400. **Die Pyramiden** von Daschûr, südlich von Memphis, und die von Gizeh, nördlich von Memphis, erbaut. Älteste Zeugen mathematischen und astronomischen Wissens bei den Ägyptern. Astronomische Orientierung. Konstanz der Neigungswinkel.

Lit. M. Cantor, Vorlesungen über Geschichte der Mathematik. I. Von den ältesten Zeiten bis zum Jahre 1200 n. Chr. Leipzig 1880. S. 18. — M. Cantor, Mathem. Beiträge zum Kulturleben der Völker. Halle 1863. — H. Hankel, Zur Geschichte d. Math. im Altertum und Mittelalter. Leipzig 1874, S. 73 ff. — G. Maspero, Gesch. d. morgenländ. Völker im Altertum, übers. von R. Pietschmann, Leipzig 1877. — R. Wolf, Handbuch der Astronomie, ihrer Geschichte und Litteratur. 1, 1. Zürich 1890, S. 7. — R. Wolf, Gesch. d. Astronomie. München 1877. S. 5.

2697. Eine uns erhaltene **chinesische** Angabe über eine **Sonnenfinsternis** dieses Jahres.

Lit. R. Wolf, Gesch. d. Astr. S. 9. — R. Wolf, Handb. d. Astr. I, 1. S. 7.

2637. **Huângtì,** Kaiser von China. Unter seiner Regierung soll das Rechenbrett, swân pán, erfunden und das erste arithmetische Werk, Kieou tschang, verfasst sein.

Lit. Alex. Wylie, Jottings of the science of chinese arithmetic. North China Herald 1852, Shangac Almanac for 1853. — Biernatzki, die Arithmetik der Chinesen. Journ. f. Math. von Crelle LII, 1856. — L. Matthiessen, Grundzüge der antiken u. mod. Algebra d. litt. Gleichungen. Leipzig 1878, S. 964.

2300—1600. **Die Täfelchen von Senkereh,** am Euphrat. Sexagesimalsystem der Babylonier.

Lit. M. Cantor, Vorl. ü. Gesch. d. Math. I, 73 ff. — R. Lipsius, Die babylonisch-assyrischen Längenmafse nach der Tafel von Senkereh. Abh. d. Berl. Ak. 1877. — J. Brandis, Das Münz-, Mafs- und Gewichtswesen in Vorderasien. Berlin 1866.

2200. **Amenemhat III.** erbaut **das Labyrinth,** einen Tempelpalast unweit des Möris-Seees. Bestätigung uralter geometrischer Kenntnisse der Ägypter. Reifskunst, Feldmessen, Nivellieren.

> Lit. M. Cantor, Vorl. ü. Gsch. d. Math. I, 19 f. — R. Lipsius, Chronologie der alten Ägypter. Berlin 1849.

2128. Die **Sonnenfinsternis in China,** deren Nichtvorhersagung zweien chinesischen Astronomen das Leben kostete. Saros, Finsternisperiode von 223 Monaten der Babylonier oder Chaldäer.

> Lit. R. Wolf, Gsch. d. Astr. S. 9.

Zw. 2000 u. 1700. Papyrus Rhind, das älteste mathematische Handbuch des Ägypters Ahmes, ein Übungsbuch der Arithmetik und Algebra.[1]) Eingekleidete Gleichungen 1. Grades mit 1 Unbekannten. Gesellschaftsrechnung. Einfache arithmetische und geometrische Reihe. Kreisfläche $= (2r - \frac{1}{9} \cdot 2r)^2$.[2]) Aufgabe der Harpedonapten, Seilspanner, einen rechten Winkel abzustecken. Näherungsformeln für den Inhalt eines gleichschenkligen Dreiecks und gleichschenkliger Trapeze.[3]) Zorlegung von Figuren. Anfänge der Ähnlichkeitslehre.[4]) Unverständliche Formeln für den Inhalt von Fruchtspeichern. Rechnen mit ganzen Zahlen und Stammbrüchen. Zerlegung einzelner Brüche in Stammbrüche.

> Lit. 1) Aug. Eisenlohr, Papyrus Rhind. Ein mathem. Handbuch der alten Ägypter, übers. u. erkl. Leipzig 1877. — M. Cantor, Vorl. ü. Gsch. d. Math. I, 19 ff. — 2) C. Demme, Bemerkungen zu den Regeln des Ahmes und des Baudhâyana über die Quadratur des Kreises. Z. f. Math. u. Phys. XXXI, lll. Abt. 132—134, 1886. — 3) H. Weissenborn, Das Trapez bei Euklid, Heron und Brahmegupta. Z. f. Math. XXIV, Suppl. 167—184, 1879. — 4) M Cantor, Über den sogen. Seqt der ägypt. Mathematiker. Wien. Sitzgsber. Ak. XC 1884.

1700. Ein für den König **Sargon I.** von **Babylon** verfaßtes astrologisches Werk Namar-Bili oder Enu-Bili enthält einen Kalender und eine babylonische Astronomie. Einteilung der Woche in 7 Tage, des Tages in 60 (?) Stunden.

> Lit. A. H. Sayce, The Astronomy and Astrology of the Babyloniens. Trans. Soc. of Bibl. Archaeol. III, 145 ff. London 1874. — A. Häbler, Astrologie im Altertum. Pr. Zwickau 1879. — L. Am. Sédillot, Sur l'origine de la semaine planétaire, et de la spirale de Platon. Boncompagni Bull. VI, 239—248, 1873. — M. Cantor, Vorl. ü. Gsch. d. Math. I, 81 f.

1700. Infolge der **Vertreibung der Hyksos** siedeln sich Ägypter in Griechenland an und verbreiten dort mathematische Kenntnisse.

    Lit. C. A. Bretschneider, Die Geometrie und die Geometer vor Euklides. Leipzig 1870, S. 23.

1350. **Rhamses II.**, der Sesostris des Herodot, giebt (nach der Erzählung des letzteren) bei der Verteilung der Äcker jedem ein gleich grofses Viereck.

    Lit. Herodot, Geschichten II, 109.

1350. Die **Schnellwage** mit Laufgewicht ist bei den **Ägyptern** in Gebrauch.

1322. Beginn einer neuen **Hundssternperiode** (Sothisperiode) von 1460 Jahren bei den Ägyptern.

    Lit. Ideler, Handbuch d. mathem. u. techn. Chronologie. Berlin 1825—26.

1100. **Tschïu-pi**, das älteste chinesische Schriftstück über den Gnomon.

    Lit. H. Hankel, Zur Gsch. d. Math. in Altert. u. Mittelalter. Leipzig 1874, S. 82 f.

1100. Eine auf uns gekommene Bestimmung der **Schiefe der Ekliptik** (23° $52'$), die dem **Chinesen Tcheou-Kong** zugeschrieben wird.

    Lit. R. Wolf, Gsch. d. Astr. München 1877, S. 7.

776. Beginn der neuen **Ära der Olympiaden.** Im III. Jahrh. v. Chr. durch Timäus eingeführt. Ende 394 n. Chr.

754. Beginn der römischen **Zeitrechnung**, Jahr der Erbauung Roms.

747. Beginn der **Ära Nabonassars**, nach der auch Ptolemäus rechnete.

    Lit. R. Wolf, Gsch. d. Astr. München 1877, S. 20.

721. Die älteste chaldäische Beobachtung einer **Mondfinsternis**, die von Ptolemäus erwähnt wird.

    Lit. R. Wolf, Gsch. d. Astr. S. 10.

660. **Terpandros** (Terpander). Aus Antissa auf Lesbos. Schöpfer der griechischen Musik. Begründer der diatonischen und chromatischen Tonleitern. Erfinder der siebensaitigen Lyra.

    Lit. Strabo, Geographica XIII, 618 f.

647. Die von dem griechischen Dichter **Archilochus** erwähnte **Sonnenfinsternis.**

    Lit. Th. v. Oppolzer. Note. Wien. Ber. 1882, 790—794

II. Zeittafel. 600—390 v. Chr.

Anfänge der Mathematik bei den Griechen. Jonische Schule.
Pythagoras und andere gleichzeitige Philosophen.

600. Älteste Bezeichnung der **griechischen Zahlen** durch Anfangsbuchstaben der Zahlwörter. **Herodianische Zahlen,** nach
Herodianus (II. Jahrh. n. Chr.), der sie beschrieben. Bis
300 v. Chr. allgemein, bis 100 v. Chr. vereinzelt in Gebrauch.

> Lit. P. Treutlein, Gesch. unserer Zahlzeichen und Ent-
> wickelung der Ansichten über dieselbe. Pr. Karlsruhe 1875. —
> J. A. Picton, On the origin and history of numerals. Proc. of
> Liverp. XXIX, 69—116, 1875. — Stoy, Zur Gsch. d. Rechen-
> unterrichtes. I, Jena 1876. — K. Zangemeister, Entstehung
> der röm. Zahlzeichen. Berl. Ak. Ber. 1011—1028, 1887.

600. Die **Wasseruhren** (eherne Cylinder, aus denen durch eine
kleine Öffnung Wasser tropfte), bei den Assyrern, bald auch
bei Griechen und Römern in Gebrauch.

> Lit. G. Bilfinger, Die Zeitmesser der antiken Völker. Pr.
> Stuttgart 1886.

594. **Solon** (639—559) zu Athen führt den **Schaltmonat** von
30 Tagen für jedes zweite Jahr ein. Vor ihm bestand das
Jahr aus 6 vollen (30tägigen) und 6 leeren (29tägigen)
Monaten.

> Lit. R. Wolf, Gesch. d. Astronomie. München 1877, S. 12 f.

590. **Thales.** (Milet 640 — Athen 548.) Einer der 7 Weisen,
gründet nach seiner Rückkehr aus Ägypten, wohin er als
Kaufmann gereist war, zu Milet die **ionische Schule.** Diese
ionische Schule beschränkte sich im allgemeinen darauf,
das aus Ägypten Überkommene zu erhalten und zu verbreiten. Satz von den Scheitelwinkeln; Gleichen Seiten eines
Dreiecks liegen gleiche Winkel gegenüber. Dreiecke sind
bestimmt durch eine Seite und zwei Winkel. Der Satz von
der Winkelsumme wird für das gleichseitige, gleichschenklige
und ungleichseitige Dreieck besonders bewiesen. Die Kreisfläche wird durch den Durchmesser halbiert. Der Peripherie-
winkel im Halbkreis ist ein Rechter. Erste Idee der geometrischen Örter. Messung der Höhe der Pyramiden aus
deren Schatten.[1]) — Thales kennt die Astronomie der
Ägypter (Schiefe der Ekliptik, 5 Zonen auf der Himmelskugel, das Sonnenjahr zu 365 Tagen, Ursache der Mondphasen

und Verfinsterungen).[2] — Die Erde ist eine schwimmende
kreisrunde Scheibe. Das Princip, der Urstoff aller Dinge,
ist das Wasser.[3]

Lit. 1) C. A. Bretschneider, Die Geometrie und die Geometer vor Euklides. Leipzig, 1870, S. 35 ff. — M. Cantor, Vorl.
ü. Gsch. d. Math. I, 114 ff. — P. Tannery, Pour l'histoire de la
science hellène. De Thalès à Empédocle. Paris 1887, 52—80. —
G. J. Allmann, Greek Geometry from Thales to Euclid. Dublin
1889, 7—17. — 2) R. Wolf, Gsch. d. Astr. S. 10, 24 f. —
3) Ed. Zeller, Die Philosophie der Griechen in ihrer geschichtl.
Entwicklung dargestellt. I, 4. Afl. Leipzig 1876, S. 168 ff.

585. Am 28. Mai die **Sonnenfinsternis des Thales.**

Lit. Zech, Astron. Untersuchungen über die wichtigsten
Finsternisse, welche von den Schriftstellern des klass. Altertums
erwähnt werden. Leipzig 1853. — R. Wolf, Gsch. d. Astr.
S. 10. — G. Hofmann, Die Sonnenfinsternis des Thales vom
28. Mai 585 v. Chr. Triest 1870.

560. **Anaximander.** (Milet 611—545.) Philosoph der ionischen
Schule. Erläuterte die Geometrie durch **Figuren.** Benutzte
den **Gnomon** (einen vertikalen Stab, um dessen Fußpunkt
in der Horizontalebene drei concentrische Kreise gezogen
waren,) als Schattenuhr und soll mit dem Gnomon die Schiefe
der Ekliptik gemessen haben.[1] Entwarf Landkarten.[2] —
Die Erde ein frei schwebender Cylinder. Περὶ φύσεως (das
Unbegrenzte ist der Grundstoff des Alls).[3]

Lit. 1) C. A. Bretschneider, Die Geometrie u. die Geometer vor Euklides. Leipzig 1870, S. 57 ff. — P. Tannery,
Pour l'histoire de la science hellène. Paris 1887, 81—118. —
2) M. C. P. Schmidt, Zur Gesch. d. geogr. Litteratur bei Griechen
u. Römern. Pr. Berlin 1857. — 3) Ed. Zeller, Die Philosophie
der Griechen. I, 4. Afl. 1876, S. 183 ff.

555. **Diogenes von Apollonia.** Altionischer Physiker. Die Luft
ist das Urwesen; durch ihre Verdichtung entstanden die
Weltkörper.

Lit. Ed. Zeller, die Philosophie der Griechen. I, 4. Afl.
S. 236 ff. — A. Heller, Gsch. d. Physik. I, 11 u. 155.

550. **Ameristus** oder **Mamerkus,** auch **Mamertinus.** Bedeutender
Geometer, Nachfolger des Thales. Bruder des Dichters
Stesichorus. Wird von Proclus erwähnt.

Lit. Bernardino Baldi, Vite inedite di matematici italiani.
Pubbl. da Eurico Narducci. Boncompagni Bull. XIX, 1886,
p. 358. — Procli Diadochi in primum Euclidis elementorum
librum commentarii. Ed. Friedlein. Leipzig 1873, p. 65.

535. Pythagoras. (Samos 580 — Megapontum 501.) Gründete, nach längerem Aufenthalte in Ägypten und zu Babylon, zu Kroton in Unteritalien die nach ihm benannte Philosophenschule. Zahlenmystik. In den Zahlen ist das Wesen, das Princip aller Dinge zu sehen. Anfänge der Zahlentheorie, Zahlengattungen, befreundete Zahlen, Beispiele für $x^2 + y^2 = z^2$. Der pythagoräische Lehrsatz. Regel für Bildung rechtwinkliger Dreiecke mit rationalen Seiten: $\left(\dfrac{m^2 + 1}{2}\right)^2 = m^2 + \left(\dfrac{m^2 - 1}{2}\right)^2$. Proportionen: arithmetische, geometrische, harmonische: $a : \dfrac{a + b}{2} = \dfrac{2\,ab}{a + b} : b$, babylonischen Ursprungs.

Harmonische Intervalle. Allgemeiner Beweis des Satzes von der Winkelsumme im Dreieck. Gröfse des Winkels im regulären n-Eck. Sternfünfeck. Gnomon, ein Quadrat, von dem an einer Ecke ein kleineres Quadrat fortgenommen ist. Zerlegung von Figuren in gleichschenklige rechtwinklige Dreiecke. Anlegen ($\pi\alpha\varrho\alpha\beta\acute{\alpha}\lambda\lambda\varepsilon\iota\nu$) von Flächen gegebenen Inhalts an eine Gerade. Irrationale Strecken, die Hypotenusen gleichschenkliger rechtwinkliger Dreiecke.[1]) — Pythagoras lehrte, dafs die Erde kugelförmig sei und frei schwebend. Er kannte die Ungleichheit der Bewegungen der Planeten. Erstes geocentrisches Weltsystem. Sphärenmusik.[2]) — Anwendung der Rechnung auf die Musik, Einteilung der Töne, Handhabung des Monochords.[3])

Lit. 1) J. E. Montucla, Histoire des mathématiques. 2. éd. Paris 1799, p. 115 sq. — C. A. Bretschneider, Die Geometrie u. d. Geometer vor Euklides. S. 67 ff. — A. Ed. Chaignet, Pythagore et la philosophie Pythagoricienne contenant les fragments de Philolaus et d'Archytas. Paris 1873. — M. Cantor, Vorl. ü. Gsch. d. Math. I, 124 ff. — H. Hankel, Zur Gsch. d. Math. in Altert. u. Mittelalter. S. 92 ff. — E. Narducci, Vita di Pitagora, scritto da Bernardino Baldi, Boncompagni Bull. XX, 197—308, 1887. — P. Tannery, Sur l'arithmétique Pythagoricienne. Darboux Bull. (2) IX, 69—89, 1885. — P. Treutlein, Ein Beitrag zur Gsch. d. griech. Geometrie. Z. f. Math. XXVIII, Hl. Abt. 209—227, 1883. — S. Günther, Lo sviluppo storico della teoria dei poligoni stellati nell' antichità e nel medio evo. Boncompagni Bull. VI, 313—340, 1873. — Ed. Zeller, Die Philosophie der Griechen. I, 4. Afl. S. 254 ff. — 2) Th. H. Martin, Hypothèse astronomique de Pythagore. Boncomp. Bull. V, 99—126, 1872. — R. Wolf, Gsch. d. Astr. S. 25 ff. — 3) A. Heller, Gsch. d. Physik. 1, 152 f.

530. **Anaximenes.** (570—499.) Schüler des Anaximander. Denkt die Planeten entstanden durch Dünste, die aus der Erde ausströmen und sich entzünden. Die platten Scheiben der Planeten werden von der Luft getragen. Die Luft ist das Grundprincip aller Dinge.

Lit. P. Tannery, Pour l'histoire de la science hellène. Paris 1887, 146—167. — Ed. Zeller, Die Philosophie der Griechen. I, 4. Afl. S. 219 ff. — A. Heller, Gsch. d. Physik. I, 10—11.

500. **Heraklit** aus Ephesus. Philosoph. „Über die natürlichen Dinge", περὶ φύσεως, vom ewigen Flufs der Dinge, vom Urfeuer als Grundelement und von der alles gesetzmäfsig lenkenden Harmonie.

Lit. P. Tannery, Pour l'histoire de la science hellène, 168—200. — Ed. Zeller, Die Philosophie der Griechen. I, 566 ff.

500. Bezeichnung der **griechischen Zahlen** 1 bis 24 durch die 24 Buchstaben des ionischen Alphabets (nebst ϛ bau, ϙ koppa, ⅏ sampi).

Lit. A. Kirchhoff, Studien zur Geschichte des griech. Alphabetes. Berlin. 3. Afl. 1877.

475. Die **Zersprengung des pythagoräischen Bundes** bewirkt eine Verbreitung der Mathematik in verschiedene Städte Griechenlands. Die Mathematik wird Gemeingut der Nation.

470. **Agatharchus.** Baumeister. Blüte zur Zeit des Äschylus zu Athen. Schrieb über die Anwendung der Stereometrie auf die Perspective.

Lit. Vitruvius, De architectura. Lib. X.

465. **Oinopides** von Chios. Mathematiker. Brachte von einer Reise nach Ägypten die Lösung einiger geometrischer Konstruktionsaufgaben mit. Soll die Aufgaben gelöst haben: „Von einem Punkte auf eine Gerade eine Senkrechte fällen," und „An eine Gerade einen gegebenen Winkel antragen." Stellte nach ägyptischen Beobachtungen einen Cyklus von 59 Jahren auf, um Sonnenjahr und Mondlauf auszugleichen.

Lit. M. Cantor, Vorles. ü. Gsch. d. Math. I, 162 ff.

460. **Parmenides.** Philosoph aus Elea in Grofsgriechenland. Lehrte zu Athen und verkehrte mit Sokrates. Soll aus mathematischen Gründen die Erde als Kugel betrachtet haben, die in der Mitte des Weltalls schwebt.

Lit. P. Tannery, Pour l'histoire de la science hellène, 218—246. — Ed. Zeller, Die Philosophie der Griechen. I, 4. Afl. S. 508 ff.

460. **Herodot.** Sein Geschichtswerk ist eine wichtige Quelle für die Geschichte der Mathematik und Physik bei Ägyptern und Griechen.

460. **Das Rechnen mit Steinen** (ψηφίζειν) bei Ägyptern und Griechen in Gebrauch, auf einem mit senkrechten Linien versehenen Rechenbrette.

> Lit. M. Cantor, Vorles. ü. Gsch. d. Math. I, 43 ff.

456. **Anaxagoras.** (Klazomenä in Ionien 499 — Lampsacus 428.) Der letzte und bedeutendste Philosoph der ionischen Schule. Nach Reisen in Ägypten lehrte er 464—434 zu Athen Philosophie. Lehrer des Euripides und Perikles. Versuch einer Quadratur des Zirkels. Anfänge der Perspektive.[1] — Erklärte die Verfinsterungen und die Mondphasen, hielt aber die Planeten für platte Scheiben.[2] — Die Umwandlung des Stoffes beruht auf einer Trennung der kleinsten Teilchen, aus denen der *Νοῦς* die Welt schuf.[3]

> Lit. 1) Schaubach, Fragmenta Anaxagorae. Lips. 1817. — Schorn, Anaxagorae et Diogenis Apolloniatae fragmenta. Bonn 1829. — Mullach, Fragmenta philosophorum graecorum. 2 vol. Paris 1860—67. — M. Cantor, Vorl. ü. Gsch. d. Math. I, 160 ff. — P. Tannery, Pour l'histoire de la science hellène. Paris 1887, 275—303. — Montucla, Histoire des recherches sur la quadrature du cercle, avec une addition concernant les problèmes de la duplication du cube et de la trisection de l'angle   Paris 1754, nouv. éd. p. Lacroix ib. 1831. — 2) R. Wolf, Gsch. d. Astronomie, S. 9, 25, 187. — 3) Ed. Zeller, Die Philosophie der Griechen. 1, 4. Afl. S. 864 ff.

455. **Zenon von Elea.** (Geb. um 500.) Philosoph, Erfinder der Dialektik. Machte heftige Angriffe auf die mathematische Bewegungslehre.

> Lit. M. Cantor, Vorles. ü. Gsch. d. Math. I, 168 ff. — P. Tannery, Pour l'histoire de la science hellène. Paris 1887, 247—261. — Ed. Zeller, Die Philosophie der Griechen. I, 4. Afl, S. 534 ff. — Gerling, Über Zeno des Eleaten Paradoxen über die Bewegung. Marburg 1846. — P. Tannery, Zénon d'Élée et M. George Cantor, Revue philos. 1884.

450. **Philolaus.** Pythagoräer. Begriff des Gnomon. Harmonisches Verhältnis. Die Zahl der Ecken eines Würfels ist das harmonische Mittel zwischen der Zahl der Flächen und der der Kanten. Kennt die 5 regelmäßigen Körper. Weihte Winkel in Figuren bestimmten Göttern. Giebt ziemlich genau die Revolutionszeit der Planeten, des Mondes und der Sonne an.

> Lit. Philolaus, des Pythagoreers Lehren nebst den Bruch-

stücken seines Werkes von Aug. Böckh. Berlin 1819. —
Th. H. Martin, Hypothèse astronomique de Philolaus. Bou-
compagni Bull. V, 127—157, 1872.

450 430. **Der goldene Schnitt** wird als ästhetisches Element
in den athenischen Bauten, bes. unter Perikles, verwertet.

Lit. M. Cantor, Vorlesungen über Geschichte der Mathematik. I, 151 ff. — A. Zeising, Ästhetische Forschungen. Frankfurt a. M. 1855. — S. Günther, Adolph Zeising als Mathematiker.
Z. f. Math. XXI, Ill. Abt. 157—165, 1876.

444. **Empedokles.** († 424.) Von Agrigent in Sicilien. Περὶ φύσεως,
ein Lehrgedicht. Nimmt die 4 Elemente Erde, Wasser, Luft
und Feuer an. Entstehen und Vergehen ist nur eine Mischung
und Entmischung der Dinge.

Lit. Ed. Zeller, Die Philosophie der Griechen. I. 4. Afl.
Leipzig 1876, S. 678 ff. — P. Tannery, Pour l'histoire de la
science hellène. Paris 1887, 304—339.

440. **Hippokrates** von Chios. Anfangs Kaufmann zu Athen, wo
er mit Pythagoräern verkehrte, dann Mathematiker. Schrieb
das erste griechische Elementarbuch der Mathematik. Bezeichnete die geometrischen Figuren durch an die Ecken ge-
setzte Buchstaben. Der Satz vom Peripherie- und Centriwinkel
auf gleichem Bogen ist ihm noch unbekannt. Die Kreisfläche
ist dem Quadrate des Radius proportional. Entdeckte die
nach ihm ben. Möndchen, lunulae, bei dem Versuch der
Quadratur des Kreises. Consequente Anwendung der
analytischen Methode bei der Behandlung des Problems der
Würfelverdoppelung, das er auf die Konstruktion
zweier mittleren Proportionalen zurückführte
$(a : x = x : y = y : b)$.

Lit. C. A. Bretschneider, Die Geometrie und die Geometer
vor Euklides. Leipzig 1870. S. 97 ff. — M. Cantor, Vorlesungen
über Geschichte der Mathematik. I, 171 ff. — P. Tannery,
Hippocrate de Chios et la quadrature des lunules. Mém. de Bordeaux (2) II, 179—184, 1878; Le fragment d'Eudème sur la
quadrature des lunules. ib. (2) V, 211—237, 1882, u. Hippocrate
de Chios. Darboux Bull. (2) X, 213—226, 1886. — N. T. Reimer,
Historia problematis de cubi duplicatione sive de inveniendis
duabus mediis continue proportionalibus inter duas datas. Göttingen 1798. — Ch. H. Biering, Historia problematis cubi dupli-
candi. Kopenhagen 1844.

433. **Meton,** Astronom und Mathematiker zu Athen. Einführung
des Cyclus von 19 Jahren (12 à 12 und 7 à 13 Monate)
und 235 Monden (125 à 30 und 110 à 29 Tage). Die

Ordnungszahl des Jahres im Cyclus wurde im Mittelalter
güldene Zahl genannt.

Lit. R. Wolf, Gesch. d. Astr. S. 15. — L. Ideler, Handbuch der mathematischen und technischen Chronologie. Berlin,
1826. — Redlich, Der Astronom Meton und sein Cyclus. Ham-
burg 1854.

430. **Antiphon.** Versuchte die Quadratur des Kreises mit
Hilfe eingeschriebener Vielecke, deren Seitenzahl verdoppelt
wird, und eines eingeschriebenen Dreiecks, über dessen Seiten
gleichschenklige Dreiecke, u. s. f.

Lit. M. Cantor, Vorles. ü. Gsch. d. Math. I, 172 ff. —
Bretschneider, Die Geometrie und die Geometer vor Euklides.
Leipzig 1870, 101—102, 124—129.

430. **Bryson** aus Heraklä. Der Kreis ist das arithmetische
Mittel zwischen dem letzten eingeschriebenen und dem um-
geschriebenen Vieleck. Vorbereitung der geometrischen
Exhaustion.

Lit. M. Cantor, Vorles. ü. Gsch. d. Math. I, 173 f. —
Bretschneider, Die Geometrie und die Geometer vor Euklides.
S. 125—129.

420. **Demokritos.** (Abdera in Thracien 460—c. 370.) Philosoph,
Schüler des Leucippus, des Begründers der Atomistik. 5 Jahre
in Ägypten, bereiste auch Vorderasien und Persien. Seine
Atomenlehre führte ihn auf das mathematische Gebiet. An-
fänge des Infinitesimalbegriffs. Theorie des Irrationalen.
Schrieb über Zahlen und über Geometrie. Anfänge der
Perspektive. Lehrte die sphärische Gestalt des Mondes und
der Sonne. Mechanische Welterklärung.

Lit. Ed. Zeller, Die Philosophie der Griechen. I. 4. Afl.
S. 761 ff. — P. Tannery, Démocrite et Archytas. Darboux Bull.
(2) X, 295—302, 1886.

420. Das **Fingerrechnen** ist bei den **Griechen** in Gebrauch.

Lit. Rödiger, Über die im Orient gebräuchliche Finger-
sprache für den Ausdruck der Zahlen. Jahresber. d. Dtsch.
morgenl. Ges. für 1845, 111—129. — G. Friedlein, Die Zahlzeichen und das elementare Rechnen der Griechen und Römer
etc. Erlangen 1869. S. 5 ff.

420. **Hippias von Elis.** (Geb. c. 460.) Eitler Sophist, aber
tüchtiger Mathematiker, Astronom und Naturforscher. Entdeckte eine Curve, die Quadratrix, welche die Dreiteilung
des Winkels und die Quadratur des Kreises bewirkte.

Lit. P. Tannery, Notes pour l'histoire des lignes et surfaces
courbes dans l'antiquité. Bull. d. sc. math. (2) VII, 278—291, 1883;

VIII, 19—30, 101—112, 1884. — M. Cantor, Vorlesungen über Geschichte der Mathematik. I, 167 f.

415. **Sokrates.** (Athen 469—399.) Lehrer des Platon in der Philosophie. Induction und Definition.

Lit. Ed. Zeller, Die Philosophie der Griechen. II. Teil, 1. Abteilung. Leipzig 1878.

410. **Theodorus** von Kyrene. Lehrer des Platon in der Mathematik. Beweist die Irrationalität der Quadratwurzeln aus 3, 5, 7, bis 17.

Lit. M. Cantor, Vorles. ü. Gsch. d. Math. I, 154 u. f.

393. **Isokrates,** der Redner. Als Quelle für die Mathematik der Ägypter und für Pythagoras nennenswert.

Lit. M. Cantor, Vorlesungen über Geschichte der Mathematik. 1, 53—54, 126—127.

390. **Theätet** zu Heraklea. Schüler des Sokrates, Philosoph und Astrolog. Lehre vom Irrationalen. Verhältnis der Kanten der 5 regulären Polyeder zum Radius der umschriebenen Kugel (do quinque solidis).

Lit. M. Cantor, Vorles. ü. Gsch. d. Math. 1, 203 f. — P. Tannery, La constitution des Éléments. Darboux Bull. (2) X, 183—194, 1886.

390. **Archytas.** (Tarent 430—365.) Freund des Platon, Pythagoräer, Staatsmann, Feldherr. Weitere Ausbildung der Lehre von den Proportionen (Definition des arithmetischen, geometrischen und harmonischen Mittels). Unterschied rationalo und irrationalo Zahlen. Führte die Torus-Fläche mit ihren Schnitten, den spirischen Linien, ein. Verdoppelung des Würfels mit Hilfe von Cylinderschnitten. Mathematische Behandlung der Mechanik. Mechanische Erfindungen: Bewegliche Rolle, Schraube (Schraubenlinie), Rad an der Welle, Automaten.

Lit. Jos. Navarro, Tentamen de Archytae Tarentini vita atque operibus. Diss. Kopenhagen 1819. — Gruppe, Über die Fragmente des Archytas und der älteren Pythagoreer. Berlin 1840. — L. Böckh, Über den Zusammenhang der Schriften, welche der Pythagoräer Archytas hinterlassen haben soll. Pr. Karlsruhe 1841. — M. Cantor, Vorles. ü. Gsch. d. Math. 1, 143 ff. — P. Tannery, Sur l'arithmétique Pythagoricienne. Darboux Bull. (2) IX, 69—89, 1885. — P. Tannery, Démocrite et Archytas. ib. (2) X, 295—302, 1886 — Bernardino Baldi, Vite inedite di matematici italiani. Boncomp. Bull. XIX, 1886. Archita 359—373. — P. Tannery, Sur les solutions du problème de Délos par Archytas et par Eudoxe. Mém. de Bordeaux. (2) 11, 277—283, 1878.

390. Thymaridas von Paros. Pythagoräer. Förderte die Arithmetik. Soll die Benennung geradlinige Zahlen für Primzahlen erfunden haben. Sein Epanthem ist eine Methode, ein Gleichungssystem $[\Sigma x_i = s, x_1 + x_i = a_{i-1}, i = 1, 2, \ldots n]$ aufzulösen.

Lit. P. Tannery, Sur l'arithmétique Pythagoricienne. Darboux Bull. (2) IX, 69—89, 1885, u. Ann. d. l. Fac. d. l. de Bordeaux 1881. — M. Cantor, Vorles. ü. Gsch. d. Math. I, 370 ff. — P. Tannery, Pour l'histoire de la science hellène. Paris 1887, 383 sq.

III. Zeittafel. 390—300 v. Chr.

Platon und die Akademie.   Aristoteles und die Peripatetiker.

387. Platon. (Athen 429—348.) Gründer der Philosophenschule zu Athen, die den Namen Akademie hat. Philosophie der Mathematik: Analytische Methode, Definitionen, Axiome, apagogischer Beweis. Regel für die Bildung rechtwinkliger Dreiecke mit rationalen Seiten; $\left[\left(\frac{m}{2}\right)^2 + 1\right]^2 = m^2 + \left[\left(\frac{m}{2}\right)^2 - 1\right]^2$.

Die Platonische Zahl im 8. Buche vom Staat = 1000. Ausbildung der Stereometrie bei dem Versuche der Verdoppelung des Würfels.[1]) — Den 4 Elementen: Feuer (tetraedrisch), Luft (oktaedrisch), Wasser (ikosaedrisch) und Erde (hexaedrisch) entsprechen 4 Regionen. Seine physikalischen Ansichten sind enthalten im Timaios.[2])

Lit. 1) C. Blaſs, De Platone mathematico. Diss. Bonn 1861. — B. Rothlauf, Die Mathematik zu Platons Zeiten und seine Beziehungen zu ihr nach Platons eigenen Werken u. den Zeugnissen älterer Schriftsteller. Diss. Jena 1878. — H. Hankel, Zur Gsch. d. Math. in Altert. u. Mittelalter. S. 127 ff. — M. Cantor, Vorles. ü. Gsch. d. Math. I, 183 ff. — P. Tannery, Les géomètres de l'Académie. Darboux Bull. (2) X, 303—314, 1886. — G. Grote, Plato and the other companions of Socrates. 3 vols. London 1867. — K. Steinhart, Platon's Leben. Werke, übers. von Hieron. Müller. Bd. IX. Leipzig 1873. — Ofterdinger, Beiträge zur Gsch. der griech. Mathematik. Ulm 1860. — Duhamel, Des méthodes dans les sciences de raisonnement. Paris 1865—66. — Fr. Carl Wex, Platon's Geometrie im Menon und die Parabole des Pythagoras bei Plutarch. Arch. f. Math. XLVII, 131—163, 1867. — Ad. Benecke, Über die geometrische Hypothesis in Plato's Menon. Elbing 1867. — C. Demme, Die Platonische Zahl. Z. f. Math. XXXII, Hl.

Abt. 81—99, 121—132, 1887. — Ed. Zeller, Gsch. d. griech. Philosophie. II, 1. Leipzig 1878. — 2) B. Rothlauf, Die Physik Platos, eine Studie auf Grund seiner Werke. 2 Teile. Pr. München 1887 u. 1888. — A Heller, Gsch. d. Physik von Aristoteles bis auf die neueste Zeit. 1, S. 20 ff. Stuttgart 1882.

380. **Loodamas von Thasos.** Schüler des Platon, der für ihn die analytische Methode geschaffen haben soll, mit deren Hilfe Leodamas vieles Neue in der Geometrie entdeckte.

Lit. M. Cantor, Vorles. ü. Gsch. d. Math. 1, 188.

378. **Philippus von Mende** in Ägypten. Schüler Platons. Geometer, Astronom und Meteorologe. Soll den Satz vom Aufsenwinkel eines Dreiecks gefunden haben. Schrieb über den Aufgang und Untergang der Gestirne, über das Sehen und über die Winde.

Lit. Vite inedite di matematici italiani scritte da Bernardino Baldi e pubblicate da Enrico Narducci. Boncompagni Bull. XIX, 1886. Filippo Mendeo, p. 374—376.

375. **Philippus Opuntius.** Schüler des Sokrates und des Platon. Schrieb über Arithmetik und über vieleckige Zahlen, die erste systematische Darstellung der Polygonalzahlen. Gab wahrscheinlich eine Methode, die Entfernung der Erde von der Sonne zu bestimmen.

Lit. M. Cantor, Vorles. ü. Gsch. d. Math. I, 143.

370. **Leon.** Schüler des Platon und des Neokleides. Schrieb Elemente. Erfand den Diorismus, d. h. die Methode der Determination.

Lit. M. Cantor, Vorles. ü. Gsch d. Math. I, 205.

365. **Eudoxus von Knidos.** (408—355.) Schüler des Archytas und des Platon. Stiftete eine Schule in Kyzikus (Panorma), kam später nach Athen und kehrte zuletzt wieder nach Knidos zurück. Erweiterte die Lehre von den Proportionen und bildete sie wissenschaftlich aus; wahrscheinlich ist das V. Buch der Euklidischen Elemente sein Eigentum; begründete die Ähnlichkeitslehre, gab die Aufgabe des „goldenen Schnittes", erfand die Hippopede, eine sphärische Lemniskate, zur Erklärung der Planetenbewegungen. Benutzte die Exhaustionsmethode, zeigte, dafs die Pyramide $\frac{1}{3}$ des Prismas, Kegel $\frac{1}{3}$ des Cylinders. Behufs Würfelverdoppelung betrachtete er die Durchschnitte eines Cylinders, eines Kegels und eines Wulstes (der Spira), καμπύλαι γραμμαί. Verfafste

das älteste Lehrbuch der Stereometrie. Theorie der
homocentrischen Himmelssphären. Weitere Ausbildung des
geocentrischen Planetensystems. Einteilung des Himmels in
Sternbilder. Oktaëteris, eine Chronologie; 8jähriger Cyclus,
worin jedes 3te, 5te und 8te Jahr, à $6 \cdot 30 + 6 \cdot 29$ Tage, einen
Schaltmonat, à 30 Tage, erhielt.

Lit M. Cantor, Vorles. ü. Gsch. d. Math. I, 205 ff. —
H. Künsberg, Der Astronom, Mathematiker und Geograph Eudoxos
von Knidos. I. T. Lebensbeschreibung des Eudoxos, Überblick
über seine astron. Lehre u. geometr. Betrachtung der Hippopede.
Pr. Dinkelsbühl 1888. II. T. Mathematisches ib. 1890. — Ideler,
Über Eudoxus. Abh. d. Berl. Ak., hist.-philol. Cl. f. d. J. 1828,
189—212, f. d. J. 1830, 49—88. — A. Böckh, Über die vierjähr.
Sonnenkreise der Alten, vorzügl. den Eudoxischen. Berlin 1863. —
R. Wolf, Gsch. d. Astr. S. 38 ff. — A. Heller, Gsch. d. Physik
I, 76 ff. — Schiaparelli, Über die homocentr. Sphären des Eudoxus,
des Kallippus und des Aristoteles. Ist. Lombard. 1874, dtsch. von
W. Horn, Z. f. Math. XXII, Sppl. 101—198, 1877. — P. Tannery,
Note sur le système astron. d'Eudoxe. Mém. de Bordeaux (2) I,
441—451, 1876, (2) V, 129—149, 1882. — P. Tannery, Autolycos
de Pitane. ib. (3) II, 173—199, 1886. — F. Blaſs, Eudoxi ars
astronomica qualis in charta Aegyptiaca superest denuo edita.
Kiel 1887.

350. **Speusippus.** Platon's Neffe und Nachfolger in der Leitung
der Akademie. Schrieb über die pythagoräischen Zahlen,
d. h. über geradlinige Zahlen, über Vielecks- und verwandte
Zahlen, sowie über Proportionen.

Lit. P. Tannery, Sur le fragment de Speusippe dans les
Théologoumènes. Ann. d. l. Fac. d. Lettr. de Bordeaux. V, 1883.

350. **Menächmus.** Schüler des Platon. Entdeckte die Kegelschnitte bei dem Versuch, den Würfel zu verdoppeln
(Schnitt des rechtwinkligen, des spitzwinkligen, des stumpfwinkligen Kegels). Benutzte Sätze von den Kegelschnitten,
um das Problem zweier mittleren Proportionalen zu lösen.

Lit. M. Cantor, Vorles. ü. Gsch. d. Math. I, 194 ff. —
H. Hankel, Zur Gsch. d. Math. in Altertum und Mittelalter.
S. 150 ff. — C. A. Bretschneider, Die Geometrie u. d. Geometer
vor Euklides. Leipzig 1870, S. 155 ff. — P. Tannery, De la
solution géométrique des problèmes du second degré avant Euclide.
Mém. de Bordeaux (2) IV, 400, 1882. — Max C. P. Schmidt,
Die Fragmente des Mathematikers Menächmus. Philologus XLII,
77, 1884.

339. **Xenokrates.** (Athen 397—314.) Schüler Platons. Nächst
Speusippus Leiter der Akademie. Löste eine combina-

torische Frage. Soll 5 Bücher Geschichte der Geometrie geschrieben haben.

Lit. M. Cantor, Vorles. ü. Gsch. d. Math. I, 214 f.

335. **Dinostratus,** Bruder des Menächmus. Wandte die Quadratrix, der er den Namen gab, auf die Quadratur des Kreises und auf die Dreiteilung des Winkels an.

Lit. M Cantor, Vorles. ü. Gsch. d. Math. I, 167, 212 u. f.

335. **Aristoxenus von Tarent.** Philosoph. Schüler des Aristoteles. Verfasser einer arithmetischen Harmonielehre. Erfinder der aus Längen und Kürzen zusammengesetzten Versfüfse. Vitae hominum illustrium. Das Princip der Dinge sind Linien und Oberflächen.

Lit. Bern. Baldi, Vite inedite di matematici italiani, publbl da Enr. Narducci. Boncompagni Bull. XIX, 1886, 376—381. — Ed. Zeller, Die Philosophie d. Griechen. II, 2. 3 Afl. S. 881 ff.

335. **Dicaearchus** aus Messina. Philosoph und Mathematiker. Geometrisches. Vitae Hellenorum.

Lit. Bern. Baldi, Vite inedite di matematici italiani, publbl da Enr. Narducci. Boncompagni Bull. XIX, 1886, 381—388. — Ed. Zeller, Die Philosophie der Griechen. II, 2. S. 889 ff.

334. **Aristoteles.** (Stageira in Macedonien 384 — Chalcis auf Eubäa 322.) Gründer der Philosophenschule der Peripatetiker zu Athen. Lehrer Alexanders des Grofsen. Bezeichnet zuerst unbokannte Gröfsen, nicht blos Strecken, mit Buchstaben. Betrachtet stetige Gröfsen. Anfänge der Combinationen. Kegelschnitte und Cylinderschnitte. Unterscheidet Geometrie und Geodäsie. Quaestiones mechanicae. Mechanische Principien. Beschleunigte Geschwindigkeit freifallender Körper. Parallelogramm der Kräfte für rechtwinklige Componenten. Wurf. Hebelgesetz. Aristotelisches Rad. 8 Bücher Physik. Rein philosophische, der experimentellen Methode entbehrende Naturerklärung. De coloribus. Der Äther als 5tes Element. Meteorologica. De coelo. De mundo. Die mathematischen Sphären des Himmels ersetzt durch Krystallsphären.

Lit. Grote, Aristotle. 2 Afl. Leipzig 1879. — Lewes, Aristotle. London 1864; deutsch v. Carus. Leipzig 1865. — Aristotelis Loca mathematica collecta et explicata a Jos. Blancano. Bonon. 1615. — Aristotelis physica. Recensuit C. Prantl. Leipzig 1879. — Aristotelis quae feruntur de plantis, de mirabilibus auscultationibus, mechanica, de lineis insecabilibus, ventorum situs et nomina, de Melisso Xenophane Gorgia ed. Otto Apelt. Leipzig 1888. — Ges. Werke, i. Auftr. d. Akad. d. Wiss. zu Berlin, I—IV, mit lat. Übers. hrsg. von Bekker, Berlin 1831,

V, von Bonitz, Fragmente u. Index enth., Berlin 1871. — M. Cantor,
Vorlesungen über Geschichte der Mathematik. I, 216 ff. — Zeller,
Die Philosophie der Griechen. II. Teil, 2. Abteilung. Aristoteles
und die alten Peripatetiker. 3. Afl. Leipzig 1879. — A. Heller, Ge-
schichte der Physik. I. Bd. Von Aristoteles bis Galilei. Stuttgart
1882. — R. Wolf, Gsch. d. Astr. S. 41 u f. — F. T. Poseleger,
Aristoteles' Mechanische Probleme. Hannover 1881, hrsg. von
M. Rühlmann. — I. L. Ideler, Meteorologica veterum Graecorum et
Romanorum. Berlin, 1832. — Meteorologica, ed. Ideler, Berlin
1834—36, 2 Bde.

334. **Eudemos von Rhodos.** Schüler des Aristoteles. Macht einen
Versuch, die Geschichte der Mathematik und Astronomie zu schreiben. Seine Fragmente enthalten 4 Bücher
Geschichte der Geometrie, 6 Bücher Geschichte der Astrologie, 1 Buch Geschichte der Arithmetik. Wichtige Geschichts-
quelle für die Zeit vor Euklid. Ferner eine Schrift περὶ
γωνίας.

    Lit. Eudemi Rhodii Peripatetici fragmenta quae super-
sunt ed. L. Spengel. Berlin 1870. — P. Tannery, Sur les fragments d'Eudème de Rhodos relatifs à l'histoire des Mathématiques.
Ann. de la Fac. d. Lettres de Bordeaux, 1882. — P. Tannery, Le
fragment d'Eudème sur la quadrature des lunules. Mém. de
Bordeaux, (2) V, 211—237.

333. **Entstehung der Sage von dem Delischen Problem:** den
Altar des Apollon zu verdoppeln, doch so, dafs die Würfel-
form bleibt.

332. **Alexandria,** durch **Alexander den Grofsen** gegründet, wird
bald Mittelpunkt des Welthandels und der Wissenschaft.
Die alexandrinische Litteraturperiode bis 50 v. Chr.

    Lit. Parthey, Das alexandrinische Museum. Berlin 1838. —
Matter, Histoire de l'école d'Alexandrie. Paris 1820, 2. éd.
1840—44. — Jules Simou, Histoire de l'école d'Alexandrie. 2 vol.
Paris 1845. — Vacherot, Histoire critique de l'école d'Alexandrie.
3 vol. Paris 1845—51.

330. **Autolykus aus Pitane in Klein-Asien.** Griechischer Astronom.
In der Geometrie wirft er noch Axiome, Definitionen und
Postulate durcheinander und unterscheidet an dem Theorem
nur πρότασις und ἀπόδειξις. Schrieb die älteste Sphärik,
Lehrbuch von der Kugel, astronomisch-geometrisch. Stellte
eine Theorie der wahren und scheinbaren Auf- und Unter-
gänge der Fixsterne auf.

    Lit. R. Wolf, Gsch. d. Astr. S. 113 ff. — Frid. Hultsch,
Autolyci, De sphaera quae movetur liber, de ortibus et occasibus libri duo. Una cum scholiis antiquis edidit, latina

interpretatione et commentariis instruxit. Leipzig 1885. —
P. Tannery, Autolycos de Pitane. Mém de Bordeaux (3) II,
173—199, 1886.

330. **Kallippus aus Cyzikus.** (370—30).) Der bedeutendste
Astronom seiner Zeit. Schüler des Polemarchus. Ging
später nach Athen zum Aristoteles. Verbesserte die Hypo-
these des Eudoxus von den homocentrischen Sphären und
stellte den nach ihm benannten lunisolaren Cyclus auf.

Lit. Schiaparelli, Die homocentrischen Sphären des Eu-
doxus, des Kallippus und des Aristoteles. Z. f. Math. XXII,
Suppl. 1877. — S. Günther, Kallippos. Ersch u. Gruber,
Encyklopädie.

325. **Theophrastus,** eigentlich **Tyrtanus.** (Eresos auf Lesbos
371 — Athen 286.) Peripatetiker, Schüler des Aristoteles.
Schrieb ein Werk über die Physiker, eine Geschichte der
Geometrie, Arithmetik und Astronomie. Philosophische und
naturhistorische Werke.

Lit. M. Cantor, Vorles. ü. Gesch. d. Math. I, 98. — Ges.
Werke, herausg. von J. G. Schneider, 5 Bde. Leipzig 1818—21.
— Diels, Doxographi Graeci. Berlin 1879. — Ed. Zeller, Die
Philosophie der Griechen. II. Teil, 2. Abt. Leipzig 1879, S. 806 ff.
— P. Tannery, Pour l'histoire de la science hellène. Paris
1887, 341—368.

325. **Heraklides aus Pontus.** Schüler des Platon und Aristoteles.
Schrieb über Philosophie, Physik, Geographie und Astronomie.
Erklärt die scheinbare Umdrehung der achten Sphäre durch
die Umdrehung der Erde.

Lit. Deswert, Dissertatio de Heraclide Pontico. Löwen
1830. — G. V. Schiaparelli, I precursori di Copernico nell'
antichità. Milano 1873.

320. **Theydius** von **Magnesia.** Philosoph und Mathematiker.
Soll sehr gute Elemente geschrieben haben.

Lit. M. Cantor, Vorl ü. Gesch. d. Math. I, 213.

320. **Aristäus der Ältere.** Griechischer Mathematiker der Akademie
zu Athen. Gab zuerst Elemente der Kegelschnitte in
5 Büchern heraus und schrieb über die 5 regelmäfsigen
Körper.

Lit. C. A. Bretschneider, Die Geometrie und die Geometer vor Euklides. Leipzig 1870, S. 171 ff. — M. Cantor,
Vorl. ü. Gesch. d. Math. I, 212.

310. **Pytheas.** Aus Massilia. Mathematiker, Astronom und Geograph. War der erste, der auf seinen Reisen bis an den

Polarkreis vordrang. *Τὰ περὶ τοῦ ὠκεανοῦ.* Bestimmte die
Schiefe der Ekliptik zu 23°50′.

Lit. A. Schmitt, Zu Pytheas von Massilia. Pr. Landau
i. d. Pfalz, 1876. — Bougainville, Éclaircissemens sur la vie
et les voyages de Pythéas de Marseille. Mém. de l'Ac. d. Inscr.
XIX. — W. Bessel, Über Pytheas von Massilien. Göttingen
1858. — J. Lelewel, Pythéas de Marseille et la géographie de
son temps. Bruxelles 1836.

IV. Zeittafel. 300—200 v. Chr.

Die Blütezeit der griechischen Mathematik.

300. Euklid. Zu Alexandria, unter der Regierung des Ptolemäus
Soter. *Στοιχεῖα*, elementa, in 13 Büchern, das erste streng
systematische Lehrbuch der Elementarmathematik: I.
Kongruenzsätze, Parallelen, Parallelogramme, Flächenvergleichung, Anlegen und Verwandeln von Figuren, pythagoräischer Lehrsatz mit Euklidischem Beweis. II. Folgerungen
aus der Flächenvergleichung, arithmetische Operationsregeln
in geometrischer Einkleidung, goldener Schnitt. III. Kreis-
lehre. IV. Ein- und umschriebene Vielecke, reguläre Polygone,
Fünfeck. V. Proportionen. VI. Ähnlichkeit, Anlegen (*παρα-
βάλλειν, ἐλλείπειν, ὑπερβάλλειν*). VII—IX. Arithmetik, Zahlen-
lehre, geometrische Reihe. X. Lehre von den Inkommen-
surabeln, Irrationalzahlen, Binomialen und Apotomen,
rationale rechtwinklige Dreiecke. XI—XIII. Stereometrie.[1])
Das sog. XIV. Buch ist von Hypsikles, das XV. von einem
unbenannten Schüler des Isidorus von Alexandria, vielleicht
von dem Neuplatoniker Damascius im VI. Jahrh. n. Chr.
Definitionen, Axiome und Postulate sind zum ersten Male
scharf gesondert, ebenso im Theorem *πρότασις, ἔκθεσις,
κατασκευή, ἀπόδειξις, συμπέρασμα.*[2]) Data.[3]) 3 Bücher
Porismen. Darin die Transversalensätze, welche jetzt die
Grundlage der metrischen Behandlung der projektivischen
Geometrie bilden.[4]) *Περὶ διαιρέσεων βιβλίον,* über die Teilung
der Figuren.[5]) Optik.[6])

Lit. 1) H. Hankel, Zur Geschichte der Mathematik im Altertum und Mittelalter. Leipzig 1874. I. Anhang. Euklid,
p. 381—404. — M. Cantor, Vorl. ü. Gesch. d. Math. 1, 223 etc.
— J. L. Heiberg, Litterargeschichtliche Studien über Euklid.

Leipzig 1882. — Euclidis opera omnia. Edid. J. L. Heiberg
et H. Menge. I—V, Euclidis Elementa. Leipzig 1883—88. Es
werden folgen: die Data, die Optik, die Katoptrik, die Phaenomena,
die beiden musikalischen Schriften, die Fragmente der verlorenen
Schriften, die Scholien. — Les oeuvres d'Euclide, trad. en latin et
en français par F. Peyrard, 3 vol. Paris 1814—18. — P. Riccardi,
Saggio di una Bibliografia Euclidea. 3 p. Bologna 1888—89. —
J. L. Heiberg, Om Scholierne til Euklids Elementer. Avec un
résumé en français. Vidensk. Selsk. Skr. VI. Kopenhagen 1888. —
P. Tannery, La coustitutiou des Eléments. Darboux Bull. (2) X,
183—194, 1886. — P. Tannery, La Technologie des Eléments
d'Euclide. Darboux Bull. (2) XI, 17—28, 1887. — P. Tannery,
Les continuateurs d'Euclide. Darboux Bull. (2) XI, 86—96. —
P. Treutlein, Ein Beitrag zur Geschichte der griechischen Geometrie. Z. f. Math. XXVIII, III. Abt. 209—226, 1883. — 2) P. Tannery, Sur l'authenticité des axiomes d'Euclide. Darboux Bull.
(2) VIII, 162—175, 1884. — 3) Fr. Buchbinder, Euklids Porismen
und Data. Pr. Pforta 1866. — 4) Les trois livres de Porismes
d'Euclide rétablis pour la première fois d'après la notice et les
lemmes de Pappus et conformément au sentiment de R. Simson
sur la forme des énoncés de ces propositions par M. Chasles.
Paris 1860. — 5) Ofterdinger, Beiträge zur Wiederherstellung
der Schrift des Euklid über die Teilung der Figuren. Ulm 1853.
— 6) Mitgeteilt von J. L. Heiberg, Litterargeschichtliche Studien
über Euklid. Leipzig 1882. IV. Optik und Katoptrik, S. 90—153.

294. **Timocharis.** Astronom zu Alexandria. Beobachtungen von
Auf- und Untergängen der Fixsterne und von Planeten.
Lit. J. F. Pfaff, Commentatio de ortibus et occasibus si-
derum apud auctores classicos commemoratis. Göttingen 1786. —
R. Wolf, Gesch. d. Astr. S. 44 u. f.

294. **Aristyll.** Astronom zu Alexandria. Viele Fixsternbeobach-
tungen, die Ptolemäus benutzte.
Lit. R. Wolf, Gesch. d. Astr. S. 44 u. f.

280. **Aristarchus.** (Samos 310 — Alexandria 250.) Lehrte
zwischen 288 und 277 Astronomie zu Alexandria und beobachtete daselbst. Gab einen kettenbruchähnlichen Nähe-
rungswert $\sqrt{2}$. In seiner Schrift „De magnitudinibus et
distantiis solis et lunae liber" wird die Bewegung der
Erde um die Sonne gelehrt, und ein sinnreiches geometrisches Verfahren angegeben, Gröfse und Entfernungen
der Sonne und des Mondes zu finden.
Lit. P. Tannery, Aristarque de Samos. Mém. de Bordeaux
(2) V, 237—258, 1882. — La grande année d'Aristarque de Samos.
ib. (3) IV, 79-96, 1888. — A. Heller, Geschichte der Physik.
1. Stuttgart 1882, S. 99 ff. — R. Wolf, Gesch. d. Astr. S. 35 ff. —
Aristarchus Samius. De magnitudine solis et terrae. Graece

2*

et latine ed. notisque illustravit J. Wallis. Oxoniac 1688 u. 1699.
— Grunert, Über Aristarchs Methode, die Entfernung der
Sonne von der Erde zu bestimmen. Arch. f. Math. u. Phys.
Teil V, 401 ff. — G. V. Schiaparelli, I precursori di
Copernico nell' antichità. Ricerche storiche. Milano e Napoli.
1873. — H. W. Schäfer, Die astronomische Geographie der
Griechen bis auf Eratosthenes. Pr. Flensburg, 1873.

275. **Berosus, der Chaldäer.** Gründer einer Schule auf der
Insel Kos gegenüber Milet. Historiker (Geschichte der
Chaldäer). Konstruierte eine Sonnenuhr, ein Hemicyclium,
die auf der Einteilung jedes Tagbogens in 12 Teile be-
ruhte.[1]) Brachte die Weisheit der Chaldäer nach Griechenland.[2])

Lit. 1) A. Wittstein, Bemerkung zu einer Stelle im Almagest.
Z. f. Math. XXXII, Hl. Abt. 201—208, 1887. — Bilfinger, Die
Zeitmesser der antiken Völker. Pr. Stuttgart 1886. — 2) A. Häbler,
Astrologie im Altertum. Pr. Zwickau 1879.

270. **Aratus.** Aus Soli (Pompejopolis) in Cilicien. Arzt am
Hofe des Königs Antigonus von Macedonien. Verfaßt ein
Gedicht „Phaenomena et Prognostica“, in welchem die Stern-
bilder nach Art des Eudoxus beschrieben werden.

Lit. A. Heller, Gesch. d. Physik. I, 112 f. — Aratus'
Schriften, herausg. von Buhle, Leipzig 1793. — Deutsch übers.
von Voß Heidelberg 1824 u. J. Bekker, Berlin 1828.

260. **Konon** aus Samos. (300—c. 260; in Italien und in Alexandria.)
Astronom und Mathematiker. Erfand die Spirale, deren
Eigenschaften Archimedes entwickelt hat. Verzeichnis
früherer Finsternisse.

Lit. M. Cantor, Vorl. ü. Gesch. d. Math. I, 263.

250. **Nikoteles von Kyrene.** Mathematiker zu Alexandria. Wird
von Apollonius als sein Vorgänger genannt in den Kegelschnitten.

Lit. M. Cantor, Vorl. ü. Gesch. d. Math. I, 290.

247—222. **Ptolemäus Euergetes,** König von Ägypten, eifriger
Pfleger der Wissenschaften. Vermehrte die Bibliothek von
Alexandria und unterstützte den Verein von Gelehrten, das
sog. Museum, daselbst.

Lit. M. Cantor, Vorl. ü. Gesch. d. Math. I, 223 u. f. —
Lepsius, Zur Kenntnis der Ptolemäergeschichte. Berlin 1853. —
R. Volkmann, Art. Alexandriner. Pauly's Realencyklopädie d.
class. Altertumswiss. 2. Aufl. — Fr. Susemihl, Gesch. d. griech.
Lit. in d. Alexandrinerzeit. 2 Bd. Leipzig 1891—92.

240. Eratosthenes. (Cyrene in Afrika 276 — Alexandria 194.) Der erste bedeutende Geograph des Altertums. Von Kallimachus, dem Vorsteher der grofsen Bibliothek zu Alexandria, daselbst erzogen; studierte dann zu Athen in der Akademie und wurde von Ptolemäus Euergetes als Nachfolger des Kallimachus nach Alexandria berufen. Methode, alle Primzahlen zu finden, das Sieb des Eratosthenes. Würfelvordoppelung. Erste Gradmessung nach geometrisch richtiger Methode. Chronologie. Philosophisches.

Lit. M. Cantor, Vorl. ü. Gesch. d. Math. 1, 180 ff. 281 ff. — R. Wolf, Gesch. d. Astr. S. 44 u. f. — G. Bernhardy, Eratosthenica. Berlin 1822, u. Ersch und Grubers Encyklopädie. — Eratosthenis geographicorum fragmenta, ed. Seidel. Göttingen 1789. — Berger, Die geographischen Fragmente des Eratosthenes, neu gesammelt, geordnet und besprochen. Leipzig 1880. — A. Heller, Geschichte der Physik. 1, S. 108 ff. — J. H. Dresler, Eratosthenes von der Verdoppelung des Würfels. Prog. d. Päd. zu Dillenburg, Hadamar und Wiesbaden 1828. — L. Delgeur, La cosmographie des Grecs. Rev. d. quest. scient. Bruxelles I, 250—273, 1877. — Lipsius, Das Stadium und die Gradmessung des Eratosthenes auf Grundlage der ägyptischen Mafse. Z. f. ägypt. Sprache u. Altertumsk. I. Heft. 1877. — F. Wilberg, Das Netz der allgemeinen Karten des Eratosthenes und Ptolemäus. Essen, 1835. — W. Abendroth, Darstellung und Kritik der ältesten Gradmessungen. Pr. Dresden 1866.

238. Das Edikt von Kanopus, unweit Alexandria. Von der dort versammelten Priesterschaft wird beschlossen, alle 4 Jahre zu den 365 Tagen des Jahres einen Schalttag einzuführen. Leider geriet diese wichtige Reform des Kalenders bald wieder in Vergessenheit.

Lit. Lepsius, Das bilingue Dekret von Kanopus. Berlin 1866.

237. Archimedes. (Syrakus 287—212, bei der Belagerung der Stadt durch die Römer erschlagen.) Ingenieur und Baumeister, Freund des Königs Hiero II. Eine Zeit lang in Ägypten und in Spanien.[1]) Sandrechnung, $\psi\alpha\mu\mu\iota\tau\eta\varsigma$, worin Namen für sehr grofse Zahlen (Klassen 10^{8a}, $n = 0, 1, 2 \ldots$). Aufstellung des Problema bovinum, das auf unbestimmte Gleichungen führt.[2]) Näherungsweise Berechnung von Quadratwurzeln.[3]) Summe $1^2 + 2^2 + 3^2 + \ldots$ Summation verschiedener Reihen zum Zweck von Flächen- und Volumenberechnungen. Lösung einer Gruppe von Gleichungen 3. Grades von der Form $x^3 - ax^2 + b^2 c = 0$ mit Hilfe des Durchschnittes zweier Kegelschnitte. **Dreiteilung des Winkels** mittels Einschiebung. Quadratur der Parabel, Sätze über Parabelsegmente und über die Ellipse. [4]) Fläche des **Salinon**. Kreissätze behufs Dreiteilung des Winkels. Durch ein- und umschriebene Polygone ergab sich $3\frac{10}{70} > \pi > 3\frac{10}{71}$. [5]) Einführung der **Schneckenlinie (archimedischen Spirale)** [6]) und des **Arbelos**. Erweiterung der Stereometrie. Betrachtung von rechtwinkligen Konoiden (Rotationsparaboloiden), stumpfwinkligen Konoiden (einschaligen Hyperboloiden), und länglichen sowie breiten Sphäroiden (Rotationsellipsoiden), deren Schnitte untersucht und von denen gewisse Abschnitte dem Inhalt nach bestimmt werden. **Exhaustionsmethode** zur Volumenbestimmung. Schwerpunkt, Hebelgesetz ($\varDelta \acute{o}\varsigma$ μοι ποῦ στῶ καὶ κινήσω τὴν γῆν). Flaschenzug, schiefe Ebene, Schraube. Das nach ihm ben. **Grundprincip der Hydrostatik.** [7]) Himmelsglobus, ein hydraulischer Mechanismus zur Darstellung der Bewegungen der Himmelskörper. [8]) Herstellung von Brennspiegeln. [9])

Lit. 1) **Mazuchelli**, Notizie storiche e critiche intorno alla vita, alle invenzioni ed agli scritti d'Archimede. Brescia 1737. — **Melot**, Recherches sur la vie d'Archimède. Mém. de l'Ac. d. Inscr. XIV, Paris. — **Bunte**, Über Archimedes, mit bes. Berücksichtigung der Lebens- u. Zeitverhältnisse, sowie zweier von demselben herrührender Kunstwerke. Pr. Leer 1877. — M. **Cantor**, Vorl. ü. Gesch. d. Math. I, K. XIV, S. 253—281. — A. **Heller**, Gesch. d. Physik. 1, 85 ff. — R. **Wolf**, Gesch. d. Astr. S. 36 u. f. — J. L. **Heiberg**, Quaestiones Archimedeae. Diss. Kopenhagen 1879. — J. L. **Heiberg**, Neue Studien zu Archimedes. Z. f. Math. XXXIV, Suppl. 1—84, 1890. — **Bernardino Baldi**, Vite inedite di matematici italiani, pubbl. da Enr. **Narducci**, Boncompagni Bull. XIX, 1886, 388—406, 437—453. — J. **Torelli**, Archimedis quae supersunt opera, cum Eutocii Ascalonitae commentariis, gr. et lat. Oxoniae 1792. — J. **Peyrard**, Oeuvres d'Archimède, trad. litt. avec un commentaire. Paris 1807, 2. éd. 2 vol. 1808. — J. L. **Heiberg**, Archimedis Opera omnia. Leipzig 3 vol. 1880—81. — 2) B. **Krumbiegel** u. A. **Amthor**, Das Problema bovinum des Archimedes. Z. f. Math. XXV, Hl. Abt. 121—136, 153—171, 1880. — 3) S. **Günther**, Antike Näherungsmethoden im Lichte moderner Mathematik. Prag. Abh. (6) IX, 1879. — S. **Günther**, Die quadrat. Irrationalitäten der Alten u. deren Entwickelungsmethoden. Abh. z. Gesch. d. Math. IV, 1—134, Leipzig 1882. — 4) J. L. **Heiberg**, Die Kenntnisse des Archimedes u. die Kegelschnitte. Z. f. Math. XXV, Hl. Abt. 41—67, 1880. — 5) H. **Menge**, Des Archimedes Kreismessung nebst des Eutokius aus Askalon Commentar. Pr. Coblenz 1874.

(Übers. der Κύκλου μέτρησις und des Kommentars.) — P. Tannery, Sur la mesure du cercle d'Archimède. Bordeaux Mém. (2) IV, 313—339, 1881. — J. L. Heiberg, Beiträge z. Gesch. d. Math. im Mittelalter. I. Liber Archimedis de comparatione figurarum circularium ad rectilineas. Z. f. Math. XXXV, III. Abt. 41—48, 1890. — 6) Fr. X. Lehmann, Die archimedische Spirale mit Rücksicht auf ihre Gesch. Pr. Freiburg 1862. — 7) Ch. Thurot, Recherches historiques sur le principe d'Archimède. Revue archéol. Paris 1869. — 8) Hultsch, Über den Himmelsglobus des Archimedes. Z. f. Math. XXII, 1877. — 9) Bilfinger-Ötinger, De speculo Archimedis. Diss. Tübingen 1725. — Knutzen, Von den Brennspiegeln des Archimedes. Pr. Königsberg 1747.

225. **Apollonius** von Pergä in Pamphylien. Zwischen 250 und 200 in Alexandria, später in Pergamum, mit Eudemus befreundet.[1]) 8 Bücher Kegelschnitte:[2]) Entstehung der 3 Kegelschnitte aus einem einzigen Kegel, Namen Ellipse, Hyperbel, Parabel. Lösung der allgemeinen Gleichung 2. Grades mit Hilfe der Kegelschnitte, durch Anlegung (παραβολή) eines Rechtecks an eine Strecke p, so dafs es entweder gleich einem gegebenen Quadrat ($px = y^2$), oder um ein gewisses Quadrat gröfser ($y^2 = px — (cx)^2$, ἔλλειψις), oder kleiner ($y^2 = px + (cx)^2$, ὑπερβολή). Lösung der Aufgabe, einen Kreis zu konstruieren, der 3 gegebene Kreise berührt. Methodische Verbesserung der Elemente der Geometrie. Versuch, die Axiome Euklids zu beweisen. Konsequente Anwendung des Diorismus. De sectione rationis. De sectione spatii. De sectione determinata.[3]) De tactionibus. De locis planis.[4]) Schraubenlinie.

Lit. 1) Terquem, Notice bibliographique sur Apollonius. Nouv. Ann. III, 350—352, 474—488, 1844. — M. Cantor, Vorl. ü. Gesch. d. Math. I, 287 ff. — P. Tannery, Quelques fragments d'Apollonius de Perge. Darboux Bull. (2) V, 124—136, 1881. — J. E. Montucla, Histoire des Mathématiques. I, 245—253. — 2) Edm. Halley, Apollonii Pergaei Conicorum libri VIII, cum Pappi Alexandrini lemmatis et Eutocii Ascalonitae Commentariis; Accedunt Sereni Antissensis de sectione cylindri et coni libri duo. Oxonii 1710. — H. Balsam, Deutsche Bearbeitung d. Kegelschnitte d. Archimedes. Berlin 1861. — J. L. Heiberg, Apollonii Pergaei quae Graece exstant cum commentariis antiqnis. Ed., lat. interpret. I. Leipzig 1890, u. f. — H. G. Zeuthen, Die Lehre von den Kegelschnitten im Altertum. Deutsch von R. v. Fischer-Benzon. Kopenhagen 1886. — 3) H. Hankel, Die Elemente der projektivischen Geometrie. Leipzig 1875. IV. Abschn. Aufgaben des Apollonius, S. 128—145. — 4) R. Simson, The loci plani of Apollonius restored. Edinburgh 1749, deutsch von Camerer, Leipzig 1796.

V. Zeittafel.   200 — 50 v. Chr.

Verfall der griechischen Mathematik.

190. **Hypsikles** von Alexandria.   Wahrscheinlich der Verfasser
des XIV. Buches der Elemente Euklids über die regelmäfsigen Körper.   Gab eine allgemeine Definition der Viel-
eckszahlen.   Arithmetische Progressionen.   Einzelne
unbestimmte Gleichungen.   *Ἀναφορικός*, von den Aufgängen
der Gestirne.   Einteilung des Kreises in 360 Grade.   Bei
astronomischen Rechnungen wurden die babylonischen Sexagesimalbrüche bis ins XV. Jahrhundert gebraucht.

>   Lit. God. Friedlein, De Hypsicle mathematico.   Bou-
compagni Bull. VI, 1873, 493—529. — M. Cantor, Vorl. ü.
Gesch. d. Math. I, 309 etc. — Erasm. Bartolino, Hypsiclis
Anaphoricus sive de rectascensionibus, graece cum lat. vers.
J. Mentelii. Paris 1657. — K. Manitius, Des Hypsikles Schrift
Anaphoricos, nach Überlieferung u. Inhalt kritisch behandelt.
Pr. Dresden 1888.

180. **Zenodorus.**   Schrieb über isoperimetrische Figuren
(gleichen Inhalts), deren Umfang er verglich.

>   Lit. Nokk, Zenodorus' Abhandlung über die isoperimetrischen
Figuren. Deutsch bearbeitet. Pr. Freiburg 1860. — Fr. Hultsch,
Pappi Alexandrini Collectiones quae supersunt. III. Berlin 1878,
1138—1165, 1190—1211. — M. Cantor, Vorl. ü Gesch. d. Math.
I, 308 ff.

180. **Nikomedes** von Gerasa.   Erfand die Conchoide oder
Muschellinie zur Lösung der Würfelverdoppelung.
Konstruierte einen Zirkel zur mechanischen Beschreibung
dieser Linie.   Benutzte die Quadratrix zur Lösung der
Quadratur des Kreises.

>   Lit. M. Cantor, Vorl. ü. Gesch. d. Math. I, 302 u. f.

180. **Diokles.**   Erfand die Cissoide, Epheulinie, um das
delische Problem zu lösen.   *Περὶ πυρείων*, über Brennspiegel.   Darin die Aufgabe, eine Kugel durch eine Ebene
in einem gegebenen Verhältnis zu teilen.

>   Lit. M. Cantor, Vorl. ü. Gesch. d. Math. I, 305 ff. — M.
Steinschneider, Euklid bei den Arabern. Z. f. Math. XXXI,
Hl. Abt. 81—110, 1886.

155. **Krates** aus Cilicien fertigt den ersten wirklichen Erdglobus an.

>   Lit. M. C. P. Schmidt, Zur Gesch. d. geogr. Litteratur bei
Griechen u. Römern. Pr. Berlin 1887.

Perseus. Studierte die spirischen Linien, Schnitte von Flächen, die durch Drehung eines Kreises um eine nicht durch sein Centrum gehende Axe entstehen.

Lit. C. A. Bretschneider, Die Geometrie und die Geometer vor Euklides. Leipzig 1870. Anhang S. 175 ff. — M. Cantor, Vorl. ü. Gesch. d. Math. I, 307. — Knoche u. Märker, Ex Procli successoris in Euclidis Elementa commentariis definitionis quartae expositionem, quae est recta est linea et sectionibus spiricis, commentati sunt. Herford 1856.

Hipparch. (Nicäa in Bithynien 180 — Rhodus 125.) Astronom. Beobachtote teils auf Rhodus, teils in Alexandria. Anfänge der sphärischen Trigonometrie, Sehnencalcul, erste Sehnentafel. Erfinder der stereographischen Projektion, indem er die Himmelskugel von einem Pol aus auf die Äquatorebene abbildet. Schöpfer der wissenschaftlichen Astronomie. Erkannte die ungleiche Länge der Jahreszeiten, das Fortrücken der Tag- und Nachtgleichen. Stellte die erste Sonnenephemeride auf, studierte die Bewegung des Mondes genauer, führte die geographische Länge und Breite als Coordinaten zur Bestimmung der Lage eines Punktes auf der Erde ein. Katalog von 1026 Fixsternen.

Lit. R. Wolf, Geschichte der Astronomie. München 1877. S. 45—48, 154—155, 174—176, 193—194. — Berger, Die geographischen Fragmente des Hipparch. Leipzig 1870. — A. Heller, Geschichte der Physik I, S. 113 ff. — Τῶν Ἀράτου καὶ Εὐδόξου φαινομένων ἐξηγήσεων βιβλία, ed. Peter Victorius. Florenz 1567, cum lat. vers. ed. Petavius, im Uranologium, 1630.

Erste Ausweisung der Astrologen aus Italien durch den Prätor C. Scipio Hispallus.

Lit. A. Hübler, Astrologie im Altertum. Pr. Zwickau 1879.

Die erste alphabetische Bezeichnung der Zahlen auf den hebräisch geprägten Münzen.

Lit. H. Hankel, Zur Geschichte der Mathematik in Altertum und Mittelalter. S. 34.

Ktosibius zu Alexandria. (c. 170 — 117.) Lehrer Herons. Erfand verschiedene hydraulische und andere mechanische Apparate, wie die Wasserorgel, die Wasseruhr, die Feuerspritze.

Lit. A. Heller, Gesch. d. Phys. I, 118 ff.

Heron von Alexandria. Bedeutender Geodät und Mechaniker. Verfaßte ein Lehrbuch für Feldmesser. Περὶ

$\delta\iota\acute{o}\pi\tau\varrho\alpha\varsigma$, geodätische Messungen mit Hilfe der Dioptra. Drei-
eckinhaltsformel: $\Delta = \sqrt{s\,(s-a)\,(s-b)\,(s-c)}$. Ein-
teilung der Trapeze. Näherungswerte für $\sqrt{2}$, $\sqrt{3}$ und viele
andere. Konstruktion des regelmäfsigen Achtecks. Inhalts-
bestimmung von 10 Körpern. Näherungsformeln für Volu-
mina. Darstellung eines echten Bruches als Summe von
Stammbrüchen. Eingekleidete Gleichungen ersten Grades,
Brunnenaufgaben. Einige unbestimmte Gleichungen. Rein
algebraische Lösung der quadratischen Gleichung $ax^2 + bx = c$.[1]
Die sog. heronischen Definitionen rühren wahrscheinlich
von Anatolius, im III. Jabrh. n. Chr., her.[2] Kommentar
zu Euklid.[3] Heron erfand die Äolipile, den Heber, die
Druckpumpe, die Feuerspritze, die sich selbst regulierende
Lampe, das Reaktionsrad, Zauberapparate u. ä.[4]

Lit. 1) Th. H. Martin, Recherches sur la vie et les ouv-
rages d'Héron d'Alexandrie. Mém. prés. p. div. sav. à l'Ac. d.
Inscr. et Belles-Lettres (1) IV. Paris 1854. — M. Cantor, Die
römischen Agrimensoren u. ihre Stellung in d. Gesch. d. Feldmefskunst. Leipzig 1875. — M. Cantor, Vorl. ü. Gesch. d.
Math. I. Kap. XVIII u. XIX, Heron von Alexandria. S. 313—343.
— Montfaucon, Analecta Graeca eruerunt monachi Benedictini.
Paris 1688. — Fr. Hultsch, Heronis Alexandriui geometricorum
et stereometricorum reliquiac. Berlin 1864. — Fr. Hultsch,
Metrologicorum scriptorum reliquiae. I. Leipzig 1864. — Le-
tronne, Recherches critiques historiques et géographiques sur
les fragments d'Héron d'Alexandrie, p. p. Vincent. Paris 1851.
— Vincent, Ήρωνος Αλεξανδρέως περὶ διόπτρας. griech. u. franz.
Paris 1858. — Venturi, Commentarj sopra la storia dell' ottica.
I. Bologua 1814. — P. Tannery, Les applications de la géo-
métrie dans l'antiquité. Darboux Bull. (2) IX, 311—324, 1885.
— Fr. Hultsch, Der heronische Lehrsatz ü. die Fläche des
Dreiecks. Z. f. Math. IX, 225—249, 1864. — H. Weifsenborn,
Das Trapez bei Euklid, Heron u. Brahmegupta. Z. f. Math.
XXIV, Suppl. 167—184, 1879. — P. Tannery, L'arithmétique
des Grecs dans Héron d'Alexandrie. Mém. de Bordeaux. (2) IV,
161—195, 1881. — P. Tannery, Questions héroniennes. Darboux Bull. (2) VIII, 329—344, 359—376, 1884. — P. Tannery,
La stéréométrie d'Héron d'Alexandrie. Mém. de Bordeaux. (2) V,
305—327, 1883; Études héroniennes. ib. 347—371, 1883. —
2) G. Friedlein, De Heronis quae feruntur definitionibus. Boncompagni Bull. IV, 93—121, 1871. — B. Boncompagni, Intorno
alle definitioni di Erone, ib. 122—126. — P. Tannery, Les
„définitions" du Pseudo-Héron. Darboux Bull. (2) XI, 189—193,
1887. — 3) J. L. Heiberg, Litterargeschichtl. Studien über
Euklid. Leipzig 1882, S. 157 ff. — P. Tannery, Héron sur
Euclide. Darboux Bull. (2) XI, 97—108, 1887. — 4) A. Heller,

Gesch. d. Physik. I, 120 ff. — F. Commandino, Heronis
Πνευματικά, Spiritualia, lat. ed. Urbino 1575. — Woodcroft,
The Pneumatics of Hero of Alexandria from the Original Greek.
London 1851. — G. Walther, Veterum scriptorum loci aliquot
physici. Wismar 1844. — Thevenot, Veteres mathematici,
*Ἥρωνος Ἀλεξανδρέως περὶ αὐτοματοποιητικῶν, Ἥρωνος Κτησιβίου
βελοποιικά*. Paris 1693.

100. **Philo** von Byzanz. Schrieb über Mechanik und konstruierte
Wurfmaschinen.

Lit. A. Heller, Gesch. d. Physik. I, 127. — Philonis
liber de ingeniis spiritualibus in Val. Rose: Anecdota Graeca et
Graecolatina. 2. Heft. Berlin 1870.

100. **Tschang-tsang** verfafst ein arithmetisches Regelbuch der
neun Kapitel Kiu-tsang swan sub, für die Studien der
chinesischen Priuzen.

Lit. L. Matthiefsen, Grundzüge d. ant. u. mod. Algebra
S. 964.

85. **Posidonius.** (Rhodus 128—44.) Stoischer Philosoph. Soll
die Begriffe Trapez, Trapezoid geschaffen haben. Versuch
einer allgemeinen Kosmographie. *Περὶ μετεώρων*, über die
Himmelskörper. *μετεωρολογικὴ στοιχείωσις*, Elemente der
Meteorologie. Unternahm die zweite Gradmessung.

Lit. R. Wolf, Gesch. d Astr. S. 167 ff. — A. Heller,
Gesch. d. Physik. I, 127 f. — B. Sepp, Zu Posidonius Rhodius.
Bl. f. d. bair. Gymn.-Wesen XVIII, 397—399, 1882. — Blafs,
Dissertatio de Gemino et Posidonio. Kiel 1883. — Ideler, Über
die Längen- und Flächenmafse der Alten. Abh. Berl. Ak. 1825.
— James Bake, Posidonii Rhodii reliquiae doctrinae. Leiden
1810. — E. Zeller, Die Philosophie d. Griechen. III. 1. 1880.
S. 572 ff.

75. **Cicero** entdeckt, als Quästor von Sicilien in Syrakus sich
aufhaltend, das Grabmal des **Archimedes** und läfst es aufs
neue in stand setzen.

Lit. M. Cantor, Vorles. ü. Gsch. d. Math. I, 254.

70. **Diodoros.** Reiste in Ägypten, um astronomische Kenntnisse
zu sammeln, und berichtete über die mathematischen und
astronomischen Leistungen der Ägypter.

70. **Geminus.** (Rhodus 100 — Rom 40.) Wahrscheinlich der Verfasser der Geschichte der voreuklidischen Mathematik
in des Proclus Commentar zum 1. Buche des Euklid. *Θεωρία
τῶν μαθημάτων*. Einteilung der Mathematik: Arithmetik,
Geometrie, Mechanik, Astrologie (d. h. theoretische Physik),
Optik, Geodäsie, Kanonik und Logistik. Schrieb ein populäres

Lehrbuch der Astronomie, εἰσαγωγὴ εἰς τὰ φαινόμενα. Benutzte ein Meteoroskop (μετέωρα sind Himmelskörper), um
Sternhöhen auch aufserhalb des Meridians zu messen.

Lit. P. Tannery, Sur l'époque où vivait Géminus. Darboux
Bull. (2) IX, 283—292, 1885, und Proclus et Géminus. ib. 209—219. —
Bern. Baldi, Vite di matematici italiani, pubbl. da Enr. Narducci.
Boncompagni Bull. XIX, 1886, 481—488. — Karl Manitius, Des
Geminos Isagoge. Nach Inhalt und Darstellung beleuchtet. Com-
mentat. Fleckeiseuianae. Leipzig 1890, 95—107. — P. Tannery,
Le classement des mathématiques, d'après Géminus. Darboux
Bull. (2) IX, 261—276, 1885. — Gemini Isagoge in phaenomena
vel elementa astronomiae, primum graece et latine cd. Edo Hilde-
ricus. Altdorf 1590; lu Halma's Ausgabe des Ptolemäus,
Paris 1819, abgedruckt. — A. Häbler, Astrologie im Altertum.
Pr. Zwickau, 1879. — M. Steinschneider, Geminus in arabischer,
hebräischer und zweifacher lateinischer Übersetzung. Bibl. math.
(2) I, 97—99, 1887. — P. Tannery, Les applications de la géométrie dans l'antiquité. Darboux Bull. (2) IX, 311—324, 1885.

60. **Lucretius**, Titus Carus. (96—55.) Römischer Philosoph.
Stellt in seinem Lehrgedicht 'De rerum natura' die Welt-
ansicht der epikureischen Philosophen dar.

Lit. Ed. K. Lachmann. 2 Bde. Berlin 1850.

55. **Theodosius** aus Tripolis an der phönikischen Küste. Mathematiker und Astronom. Sphaericorum libri III, Geometrie
auf der Kugel, vielfach mit Autolykus und Euklid über-
einstimmend. De habitationibus, eine astronomische Schrift.
De diebus et noctibus.

Lit. M. Cantor, Vorles. ü. Gsch. d. Math. I, 346 f. —
R. Wolf, Gsch. d. Astr. S. 115 f. — Die Sphärik des Theodosius.
Deutsch von E. Nizze. Stralsund 1826. Griechisch und Lateinisch
von demselben. Berlin 1852. — Fr. Hultsch, Scholien zur Sphärik
des Theodosius. Abh. d. philol.-hist Cl. d. K. Sächs. Ak. V,
383—446, Leipzig 1887. — A. Nokk, Über die Sphärik des
Theodosius. Karlsruhe 1847.

VI. Zeittafel.   50 v. Chr. — 200 n. Chr.

Römer.   Menelaus und Ptolemäus.   Neupythagoräer.

50. **Marcus Terentius Varro.** (116—27.) Atticus sive de
numeris, ein arithmetisches Werk. 1 Buch Geometrie, worin
die Gestalt der Erde eirund angenommen wird. Mensu-
ralia, über Vermessungen. 'De disciplinis', eine Encyklopädie

in 9 Büchern (Grammatik, Dialektik, Rhetorik, Geometrie,
Arithmetik, Astrologie, Musik, Medizin, Architektur).
Lit. Boissier, Étude sur la vie et les ouvrages de M. T. Varron.
Paris 1861. — M. Cantor, Vorles. ü. Gsch. d. Math. 1, 460 f.

50. **P. Nigidius Figulus.** Römischer Mathematiker, Philosoph
und Astrolog.
Lit. Bern. Baldi, Vite inedite di matematici italiani, publ.
da Enr. Narducci. Boncompagni Bull. XIX, 1886, 454—464.

50. **Dionysodorus** aus Amisus im Pontus. Löst die archi-
modische Aufgabe, eine Kugel in einem bestimmten Verhältnis durch eine Ebene zu teilen, mit Hilfe des Durch-
schnitts einer Parabel und einer Hyperbel.
Lit. M. Cantor, Vorles. ü. Gsch. d. Math. 1, 347.

47. Die **Bibliothek** im Tempel des Serapis zu **Alexandria** wird
durch Feuer zerstört.

46. **Julius Cäsar.** Kalenderreform mit Hilfe des **Sosigenes.**
Annus confusionis. (Romulus hatte 304, Numa 355 Tage,
die Decemvirn schalteten im Jahre 451 abwechselnd 22 und
23 Tage ein, und 24jähriger Schaltcyklus, wo 1 Tag fort-
blieb. Jetzt 4jähriger Schalttag zu 365 Tagen. Einschaltung
von 85 fehlenden Tagen.) Schrieb ein Buch 'de astris' und
entwickelte den Plan einer Vermessung des ganzen römischen
Reiches.
Lit. R. Wolf, Gsch. d. Astr. S. 17 ff. — Bähr, Sosigenes.
Pauli's Realencykl. — Ludw. Ideler, Handb. d. math. u. techn.
Chronologie. Berlin 1826.

40. **Kleomedes** zu Rom. Schreibt eine cyklische Theorie der
Meteore, d. h. der Himmelskörper. Versucht die Brechung
des Lichtes zu erklären. Berichtet über die Arbeiten des
Posidonius. Verfaßt eine Schrift über Erdmessung.
Lit. Cleomedis Cyclica consideratio meteorum, ed. Conr.
Neobarius. Paris 1539. — De mundo, ed. Hopperus. Basel
1547. — Cleomedis meteora etc. a Rob. Balforeo lat. versa
et commentario illustrata. Bordeaux 1605. — R. Wolf, Gsch. d.
Astr. S. 201 f. — A. Heller, Gesch. d. Physik I, 150.

25. **Strabo.** (Amasia 66 v. Chr. — 24 n. Chr.) Rerum geo-
graphicarum libri XVII, für die Geschichte der Mathematik
nicht ohne Bedeutung, ebenso für die physische Geographie.
Lit. H. Fischer, Über einige Gegenstände der physischen
Geographie bei Strabo, als Beitrag zur Geschichte der alten Geographie. I. Pr. Wernigerode, 1879.

15 v. Chr. **Marcus Vitruvius Pollio.** Baumeister in Rom unter
Augustus und Tiberius. Auch tüchtiger Mechaniker. 'De
Architectura libri X.' Darin Mitteilung über die Kenntnisse
seiner Zeit in der Baukunst, Mechanik, Physik und mathematischen Geographie. Größenverhältnisse der Teile des
menschlichen Körpers. Arithmetische Harmonielehre.

> Lit. Bern. Baldi, Vite inedite di matematici italiani, pubbl.
> da Enr. Narducci. Boncompagni Bull. XIX, 1886, 464—473. —
> M. Cantor, Vorles. ü. Gsch. d. Math. I, 461 f. — Vitruvius,
> de architectura libri X. Herausgeg. von I. G. Schneider, Berlin
> 1807, von Rose und Müller-Strübing, Berlin 1867. Übers. von
> Rode, ib. 1796, u. von Reber, Stuttgart 1864 ff. — A. Terquem,
> La science romaine à l'époque d'Auguste. Étude historique d'après
> Vitruve. Extr. d. Mém. d. l. Soc. d. sc. de Lille. Paris 1885.

10 v. Chr. **L. Arruntius.** Aus Fermo. Lebte meist in Rom.
Philosoph, Mathematiker und Astrologe. Wollte durch astronomische Rechnungen den Tag der Gründung Roms gefunden
haben.

> Lit. Bern. Baldi, Vite inedite di matematici italiani, pubbl.
> da Enr. Narducci. Boncompagni Bull. XIX, 1886, 473—480.

40 n. Chr. **Lucius Annaeus Seneca.** (Cordova in Spanien 4 v. Chr.
— Rom 65 n. Chr.) Philosoph. Lehrer des Nero. Naturalium
quaestionum libri VII, eine Sammlung physikalischer und
astronomischer Erscheinungen vom atomistischen Stand-
punkt (im Mittelalter lange als Lehrbuch der Physik
benutzt; für die Geschichte der Physik und Astronomie
wichtig).

> Lit. Reinhardt, De L. A. Senecae vita et scriptis. Jenae
> 1816. — R. Wolf, Gsch. d. Astr. S. 215. — Ed. Zeller, Die
> Philosophie der Griechen. III, 1. 1880. S. 693 ff.

50. **Marinus von Tyrus.** Verlegte den Null-Meridian, für den
Hipparch den Meridian von Rhodus angenommen hatte, nach
den kanarischen Inseln, dem damals bekannten äußersten
westlichen Punkt.

> Lit. R. Wolf, Gsch. d. Astr. S. 153.

50. **Pomponius Mela.** Geograph. De orbis situ libri III, für
die ältere Geschichte der Astronomie von Bedeutung.

> Lit. Cum notis varior. cur. Gronovii, Leyd. 1722; cum
> indice curavit J. Kappus, Hof, 1781; deutsch von Diez, Giefsen
> 1774. — R. Wolf, Gsch. d. Astr. S. 215.

60. **Cajus Secundus Plinius.** (Como 23—79, 25. Aug., wo er
beim Ausbruche des Vesuvs ein Opfer seiner Wißbegierde

wurdo.) Historia naturalis, libri XXXVII, für die ältere Geschichte der Astronomie und Physik wichtig.

Lit. Plini Secundi C., naturalis historiae libri XXXVII. Recogn. atque indicibus instruxit Ludov. Janus, post L. Jani obitum ed. Car. Mayhoff, 6 vol. Leipzig 1854—75.

62. **Columella**, Lucius Junius Moderatus. Aus Gades (Cadix). Lebte längere Zeit als Militärtribun in Syrien. De re rustica, über Landwirtschaft, worin auch die Feldmessung behandelt ist.

Lit. M. Cantor, Vorles. ü. Gsch. d. Math. I, 462 f.

70. **M. Fabius Quintilianus.** (35—95.) In seinen Vorschriften für Redner findet sich ein isoperimetrisches Problem.

Lit. M. Cantor, Vorles. ü. Gsch. d. Math. I, 464 f. — Quintiliani Institutio oratoria, I, 10, 39—45, ed. Halm, Leipzig 1868, S. 62. — Jean Borrel (Buteo). Opera geometrica, Lyon 1554, Ad locum Quintiliani geometricum explanatio.

80. **Sextus Julius Frontinus.** (40—103.) Römischer Agrimensor. Unter Vespasian Befehlshaber eines Heeres in Britannien, unter Nerva Curator aquarum in Rom. De aquis urbis Romae, 2 Bücher; Vorschriften über Feldmefskunst und Hydrodynamik. Seine Schriften sind gesammelt im sog. Arcorianischen Codex.

Lit. Frontini, de aquaeductibus urbis Romae libri II. Rec. Franc. Buecheler. Leipzig 1858. — Commentaire sur les aquedues de Rome par J. Rondelet, Paris 1820; Addition au Commentaire de S. J. Frontine. etc. par J. Rondelet, Paris 1821. — E. Stöber, Die römischen Grundvermessungen, nach dem lat. Texte des gromatischen Codex, insbes. des Hyginus, Frontinus und Nipsus. München 1877. — Scriptores gromatici, Schriften der römischen Feldmesser, herausg. u. erläut. von F. Blume, K. Lachmann und A. Rudorff. Berlin 1848 u. 1852. — M. Cantor, Die römischen Agrimensoren und ihre Stellung in der Geschichte der Feldmefsknust. Leipzig 1875. — Scriptorum metrologicorum reliquiae. Coll., recens., nunc primum ed. Frid. Hultsch. 2 vol. Leipzig 1864 u. 1866.

98. **Menelaus** aus Alexandria. Griechischer Mathematiker und Astronom. Zur Zeit Trajans in Rom. Sphaericorum libri IV, eine sphärische Trigonometrie. Darin der nach ihm benannte Satz, regula sex quantitatum, von den Abschnitten der durch eine Transversale geschnittenen Dreiecksseiten. 6 Bücher über die Berechnung der Sehnen.

Lit. M. Cantor, Vorlesungen über Geschichte der Mathematik. I, 349 ff. — Theodosii sphaericorum libri III et Menelai sphaericorum libri III, ed. Halley, Oxonii 1707.

100. **Nikomachus** von Gerasa in Arabien. *Εἰσαγωγὴ ἀριθμητική*, das erste Lehrbuch der Arithmetik. Reine Zahlen ohne geometrische Vorstellungen. Zahlen-Schematismus. Die Kubikzahlen erscheinen als Summen aufeinander folgender ungerader Zahlen. Figurierte Zahlen. Vollständige Theorie der Polygonalzahlen. Allgemeine Theorie der Medietäten. Harmonische Proportion $\frac{a}{b} = \frac{a-c}{c-b}$. c harmonisches Mittel. Nachricht von dem Siebe des Eratosthenes.

    Lit. Nicomachi Geraseni Pythagorei introductionis arithmeticae libri II. Rec. Ricardus Hoche. Accedunt codicis Cizensis problemata arithmetica. Leipzig 1866. — G. H. F. Nesselmann, Die Algebra der Griechen. Berlin 1842, S. 188—223. — M. Cantor, Vorles. ü. Gsch. d. Math. I, 362 ff. — Nicomachi Manuale harmonices, ed. Meursius, Leyd. 1616.

100. **Balbus.** Römischer Feldmesser. Verfasser einer Schrift über Feldmefskunst. Beteiligt an der Vermessung des römischen Reiches unter Leitung des M. Vipsanius Agrippa.

    Lit. M. Cantor, Vorles. ü. Gsch. d. Math. I, 468. — Partsch, Die Darstellung Europas in dem grofsen Werke des Agrippa. Breslau 1875.

100. **Hyginus.** Römischer Feldmesser. De limitibus constituendis, Vorschriften über Bestimmung der Ost-West-Linie u. ä.

    Lit. M. Cantor, Vorles. ü. Gsch. d. Math. I, 468.

130. **Theon von Smyrna.** Platonischer Philosoph. 'Expositio rerum mathematicarum ad legendum Platonem utilium'; darin Arithmetik, musikalische Verhältnisse, Bildung der Seiten- und Diametralzahlen, Geometrie, Stereometrie, Astronomie, Musik der Welten. Historisches über Pythagoras. Verglich die Höhe der Berge mit dem Radius der Erde.

    Lit. Theonis Smyrnaei Platonici liber de astronomia, ed. Th. H. Martin. Paris 1849. — G. H. F. Nesselmann, Die Algebra der Griechen. Berlin 1842, S. 223—232. — M. Cantor, Vorles. ü. Gsch. d. Math. I, 366 ff. — Theonis Expositio, ed. E. Hiller. Leipzig 1878. — H. Künsberg, Über eine mathematisch-geographische Stelle bei Theon. Blätt. f. d. bair. Gymn.-Wesen. XX, 368—372, 1884.

135. **Klaudius Ptolemäus.** (Ptolemais 87 — Alexandria 165.) Der gröfste griechische Astronom. Beobachtete zu Alexandria von 126—141. *Μεγάλη σύνταξις*, arab. Almagest, ein grofses Compendium der griechischen Astronomie.[1] Eigene Auffassung des Parallelenaxioms.[2] Teilung des rechten Winkels in Grade. Sexagesimalbrüche des Radius, von

den Babyloniern entnommen und konsequent angewandt; herrschten bis zum XVI. Jahrhundert. Förderung der Trigonometrie, Sehnencalcul, Sehnentafel für alle halben Grade von 0^0 bis 180^0; Ptolemäischer Lehrsatz Almagest I, 9. Planetensystem, wichtige astronomische Tafeln. Geographie.[3]) Landkarten, Projectionsmethoden, besonders die stereographische. Diese Methoden finden sich auch im 'Planisphaerium' und 'Analemma'.[4]) Optik, Grundsätze der Katoptrik und einiges aus der Dioptrik.[5]) Auch ein astrologisches Werk Τετράβιβλος wird ihm zugeschrieben.[6])

Lit. 1) R. Wolf, Geschichte der Astronomie. S. 50 ff. — A. Heller, Geschichte der Physik. I, S. 128 ff. — M. Cantor, Vorles. ü. Gsch. d. Math. 1, 350 ff. — Composition mathématique de Claude Ptolémée, ou astronomie ancienne, trad. p. N. B. Halma, suivie de notes de Mr. Delambre. 2 vol. Paris 1813—1816. — A. Wittstein, Bemerkung zu einer Stelle im Almagest. Z. f. Math. XXXII, III. Abt. 201—208, 1887. — 2) Proklus, ed. Friedlein. — L. Majer, Prokles über die Petita und Axiomata bei Euklid. Pr. Tübingen 1875. — 3) Traité de Géographie du Claude Ptolémée d'Alexandrie, trad. p. Halma. Paris 1828. — 4) Ed. Commandinus 1558 u. 1562, mit Übersetzung. — 5) Poudra, Histoire de la perspective. Paris 1864. — B. Boncompagni, Intorno ad una traduzione latina dell'ottica di Tolomeo. Bullett. Bonc. IV, 470—492, 1871 u. VI, 159—170, 1873. — G. Govi, L'ottica di Claudio Tolomeo, da Eugenio. Paravia, 1885. — 6) A. Häbler, Astrologie im Altertum. Pr. Zwickau 1879. — Billweiler, Über Astrologie. Vortrag. Basel 1878.

140. **Çulvasûtras**, geometrisch-theologische Schriften, verfafst von den Indern **Baudhâyana**, **Âpastamba** und **Kâtyâyana**. Eine Hauptquelle für indische Geometrie. (Pythagoräischer Lehrsatz. Näherungswerte für $\sqrt{2}$, $\sqrt{3}$ etc. Verwandlung ebener Figuren. Circulatur des Quadrates.)

Lit. M. Cantor, Vorlesungen über Geschichte der Mathematik. Bd. 1. V. Abschnitt. Inder. S. 505—565.

150. **Appulejus** aus Madaura in Numidien. Studierte zu Athen. Arithmetiker. Übersetzte die Arithmetik des **Nikomachus** ins Lateinische.

Lit. M. Cantor, Vorles. ü. Gsch. d. Math. 1, 477 ff.

180. **Marcus Junius Nipsus.** Römischer Agrimensor. Seine feldmesserische Schrift ist in den Codex Arcerianus aufgenommen. Darin die Aufgabe, die Katheten eines rechtwinkligen Dreiecks aus dem Inhalt desselben und der Höhe zu berechnen.

Lit. Siehe die Literatur bei **Frontinus**. — K. Lachmann, Gromatici veteres. Berlin 1848, S. 295 ff.

200. Diogenes von Laërte in Kilikien. Seine „Zehn Bücher über das Leben, die Lehren und Gedenksprüche der in der Philosophie Wohlberühmten" sind eine wichtige Quelle für die Geschichte der exakten Wissenschaften.

Lit. Klippel, De Diogenis L. vita, scriptis atque auctoritate. Nordhausen 1831.

200. Ulpianus, Domitianus. (Tyrus 170 — Rom 228.) Berühmter Rechtslehrer, Präfect zu Rom. Verfafst die erste Tafel über die Lebensdauer.

Lit. M. Cantor, Vorles. ü. Gsch. d. Math. I, 475. — W. Karup, Theoretisches Handbuch der Lebensversicherung. Leipzig, 1871.

200. Epaphroditus. Römischer Agrimensor. In dem Codex Arcerianus findet sich von ihm eine Schrift über Feldmessung, ein Abschnitt über Vielecks- und Pyramidalzahlen und praktische Aufgaben aus der rechnenden Geometrie. Im rechtwinkligen Dreieck $2\varrho = a + b - c$. Näherungsformel für die Oberfläche von Bergen.

Lit. M. Cantor, Vorlesungen über Geschichte der Mathematik. I, Kap. XXVI. Die Blütezeit der römischen Geometrie. Die Agrimensoren. S. 457—475. — Fernere Literatur siehe bei Frontinus.

200. Herodianus, ein byzantinischer Grammatiker, beschreibt die griechischen Zeichen für die Zahlwörter, d. h. die Anfangsbuchstaben der Zahlwörter; daher der Name herodianische Zeichen.

Lit. M. Cantor, Mathematische Beiträge zum Kulturleben der Völker. Halle 1863. — Friedlein, Die Zahlzeichen und das elementare Rechnen der Griechen und Römer etc. Erlangen 1869.

200. Alexandrinische Astronomie und Astrologie beginnt nach Indien einzudringen.

Lit. M. Cantor, Gräko-indische Studien. Z. f. Math. XXII, Hl. Ab. 1—13, 1877.

VII. Zeittafel. 200—500.

Neuplatoniker. Diophant. Kommentatoren.

210. Ammonius. († 250.) Lehrer des Plotinus. Gründer der neuplatonischen Schule zu Alexandria.

Lit. Ed. Zeller, Die Philosophie der Griechen. III, 2. 3. Afl. Leipzig 1881, S. 449 ff.

220. Sextus Julius Africanus. Schrieb Kesten (aneinander gehefteto Bemerkungen), eine Art Encyklopädie, welche auch für die Geschichte der Mathematik von Interesse ist. Eine Methode, die Breite eines Flusses und die Höhe einer Mauer mit Hilfe ähnlicher rechtwinkliger Dreiecke zu messen.

> Lit. M. Cantor, Vorles. ü. Gsch. d. Math. I, 371 ff.

235. Censorinus. Astronom, Alexandriner. Sammelte viele ältere Beobachtungen. 'De die natali'.

> Lit. Gedruckt Lugd. Batav. 1767. — R. Wolf, Geschichte der Astronomie. München 1877, S. 64.

244. Plotinus aus Ägypten. (205—270 in Campanion.) Trat 244 als Lehrer in Rom auf, nachdem er aus Drang, die orientalischen Wissensquellen kennen zu lernen, unter Gordian gegen die Persor zu Felde gezogen. Neuplatonischer Mathematiker. Auch der Astrologie orgeben.

> Lit. Ed. Zeller, Die Philosophie der Griechen. III, 2. S. 466 ff. — Operum philosophorum omnium Libri LIV in sex enneades distributi. Basil. 1580.

250. Sun-tsè, chinesischer Mathematiker. Tá jün (grofse Erwoiterung), Lehre von den unbostimmten Gleichungen, in dunklen Versen. Tá-jàn-Regel im Suán-king, Restproblem.

> Lit. M. Cantor, Vorles. ü. Gsch. d. Math. I, 586. — L. Matthiessen, Die Methode Tá jàn im Suán-king von Sun-tsè und ihre Verallgemeinerung durch Yih-hing im 1. Abschnitte des Tá jàn li schu. Z. f. Math. XXVI, III. Abt. 33—37, 1881.

260. Anatolius aus Alexandria. Philosoph mit bedeutenden Kenntnissen in der Arithmetik, Geometrie und Astronomie. Lehrte zu Alexandria aristotelische Philosophie. Wurde untor Aurelian Bischof von Laodicea in Syrien. Gab eine Einteilung dor Mathematik. Wahrscheinlich Verfasser der sog. Definitionen des Heron. Alexandrinische Epakte.

> Lit. R. Wolf, Gesch. d. Astr. S. 64. — L. Ideler, Handbuch der mathem. und techn. Chronologie. Berlin, 1826; 2. Afl. Breslau, 1883.

270. Porphyrius, ursprünglich **Malchus** der Tyrier. (232 bis nach 300.) Schüler Plotins. Lebte in Rom und in Sicilien. Schrieb eine Biographie des Pythagoras und einen Kommentar zu der Musik des Ptolemäus. Auch eifriger Astrolog.

> Lit. Ed. Zeller, Die Philosophie der Griechen. III, 2. Leipzig 1881, S. 636 ff. — M. Cantor, Vorles. ü. Gsch. d. Math. I, 390 f.

275. Diophantus von Alexandria. Ἀριθμητικῶν βιβλία VI, algebraische und zahlentheoretische Aufgaben, nach eleganter

3*

Methode gelöst. Porismen, zahlentheoretische Sätze. Be-
kannte und unbekannte Gröfsen werden durch besondere
Buchstaben unterschieden. Näherungsweise Quadratwurzeln.
Gleichungen 1. und 2. Grades mit einer und mehreren
Unbekannten. Lösung diophantischer Gleichungen in
rationalen Zahlen.

Lit. P. Cossali, Origine, trasporto e primi progressi in
Italia dell' algebra. Parma 1797. — H. Hankel, Zur Gsch. d.
Math. in Altert. u. Mittelalter. Leipzig 1874. Diophant. S. 157—171.
— G. H. F. Nesselmann, Die Algebra der Griechen. Berliu
1842, S. 244—476. — M. Cantor, Vorles. ü. Gsch. d. Math.
I, 394 ff. — P. Tannery, A quelle époque vivait Diophante?
Darboux Bull. (2) II, 261—269, 1878. — Heath, Diophantos of
Alexandria; a study in the history of greek algebra. Cambridge 1885.
— P. Tannery, Études sur Diophante. I—IV. Bibl. math. (2)
I, 37—42, 81—88, 103—108, 1887; II, 3—6, 1888. — Léon Rodet,
Sur les notations numériques et algébriques antérieurement au
XVIe siècle. Paris 1881. — P. Tannery, La perte de sept livres
de Diophante. Darboux Bull. (2) VIII, 192—206, 1884. — W. Schöu-
born, Die von Diophant überlieferten Methoden der Berechnung
irrationaler Quadratwurzeln. Z. f. Math. XXX, Hl. Abt. 81—90,
1885. — P. de Fermat, Diophanti Alexandrini Arithmeticorum
libri VI etc., cum Commentariis D. Bacheti et observationibus.
Toulouse 1670. Deutsch von J. O. L. Schulz. Berlin 1823.

280. **Sporus von Nicäa.** Seine Sammlung Ἀριστοτελικὰ κήρια
enthält verschiedenartige Auszüge aus mathematischen
Schriften, die von Pappus, Simplicius und Eutokius benutzt
wurden.

Lit. P. Tannery, Le fragment d'Eudème sur la quadrature
des lunules. Ann. d. l. fac. d. l. d. Bordeaux, (2) V, 211—237, 1882.

295. **Pappus von Alexandria.** Vorsteher einer Schule daselbst.
Συναγωγή, Collectiones, eine Sammlung in 8 Büchern,
worin der Inhalt der damals hochgeschätzten mathematischen
Schriften angegeben und durch einen Kommentar erläutert
wird. Im VI. Buche der Satz von zwei senkrechten harmonischen Strahlen, im VII. die Unterscheidung der ebenen,
körperlichen und linearen Probleme, die Lehre von der In-
volution von Punkten, von der Konstanz des anharmonischen
Verhältnisses, Anfänge der Lehre von den Ähnlichkeits-
punkten zweier Kreise, verschiedene wichtige Folgerungen
aus Sätzen des Euklid und Apollonius, die sog. „Aufgabe
des Pappus", die Guldin'sche Regel, im VIII. die fünf
mechanischen Potenzen: Hebel, Keil, Schraube, Rolle, Well-
rad. Versuch, das statische Grundgesetz der schiefen Ebene

zu begründen. Kommentare zum Euklid. Näherungsmethode
für Kubikwurzelausziehung. Fortsetzung der Kommentare
des Porphyrius zu Ptolemäus' Syntaxis und Harmonielehre.

Lit. Pappi, Alexandrini collectionum mathematicarum libri
VI superstites, ed. F. Commandino, Pesaro, 1588 und Bologna,
1660. — Pappi, Alexandrini collectiones quae supersunt, e libris
manu scriptis edidit, latina interpretatione et commentariis instruxit Frid. Hultsch. 4 vol. Berlin 1876—77. — J. C. Gerhardt,
Der Sammlung des Pappus von Alexandrien 7. und 8. Buch.
Griech. u. deutsch. Halle 1871. Zusatz, aus dem 4. Buche, Eis-
leben 1874, u. Recension von M. Cantor, Z. f. Math. XXI,
37—42, 1876. — J. L. Heiberg, Über eine Stelle des Pappus.
Z. f. Math. XXIII, III. Abt. 117—128, 1878. — P. Tannery,
L'arithmétique des Grecs dans Pappus. Mém. de Bordeaux (2)
III, 351—378, 1880. — M. Cantor, Vorles. ü. Gesch. d. Math. I,
374 ff. — S. Günther, Antike Näherungsmethoden im Lichte
moderner Mathematik. Prag Abh. (6) IX, 1879. — A. Heller,
Gesch. der Physik. I S. 138.

325. **Concil zu Nicäa.** Das Osterfest wird auf den Sonntag,
der auf den ersten Vollmond nach der Frühlingstag- und
Nachtgleiche folgt, festgesetzt.

Lit. R. Wolf, Gesch. d. Astr. S. 328.

325. **Jamblichus** aus Chalcis in Cölesyrien. Schüler des Porphyrius zu Rom. Schrieb einen arithmetischen Traktat, ferner
eine Συναγωγὴ τῶν Πυθαγορικῶν δογμάτων, in 10 Büchern
(Leben des Pythagoras, Einleitung in die Philosophie, Einleitung in die Mathematik, Arithmetik, Erläuterungen zu
Nikomachus, Musik, Geometrie, Sphärik, Physik, Ethisches).

Lit. Ed. Zeller, Die Philosophie der Griechen in ihrer geschichtlichen Entwicklung. III, 2. 2. Aufl. 1868. — M. Cantor,
Vorles. ü. Gesch. d. Math. I, 390 ff. — P. Tannery, Pour
l'histoire de la science hellène. Paris 1887, 372—383. — Jamblichus, De vita Pythagorae, gr. lat. ed. Kiefsling. 2 vol. Lips.
1815—16. — Steinhart, Jamblichus. Ersch u. Gruber, Allg.
Encyklop. Sect. 2. XIV, 273—283.

330. **Metrodorus.** Vorf. mehrerer der arithmetischen Epigramme der griechischen Anthologie.

Lit. M. Cantor, Vorles. ü. Gesch. d. Math. I, 393 ff.

340. **Firmicus Maternus,** Julius, aus Sizilien. Lehrbuch der
Astrologie, matheseos libri VIII. (Die Astrologen heifsen
bei den Römern mathematici.)

Lit. Firmici, Julii, Junioris, matheseos libri VIII. Ed.
Carolus Sittl. Leipzig 1891. — A. Häbler, Astrologie im Altertum. Pr. Zwickau 1879. — Bern. Baldi, Vite di matematici
italiani, p. da Enr. Narducci. Boncompagni Bull. XIX, 488—489.

350. **Die arithmetischen Epigramme** der griechischen Anthologie.
Lit. Ed. Fried. **Jacobs**, 3 Bde., Leipzig 1813—17, ex rec.
Brunckii. — **Zirckel**, Die 47 arithmetischen Epigramme der
griechischen Anthologie. Pr. Bonn 1853. — G. H. F. Nesselmann, Die Algebra der Griechen. Berlin 1842, S. 477—491.

350. **Serenus** von Antissa. Scholien zu den Kegelschnitten des
Apollonius. De sectione coni. De sectione cylindri. Darin
zeigt er die Identität der aus dem Kegel und dem Cylinder
geschnittenen Ellipse und benutzt die Eigenschaft eines
harmonischen Strahlbüschels im Raume.
Lit. M. Cantor, Vorles. ü. Gesch. d. Math. 1, 347—349. —
P. Tannery, Sérénus d'Antissa. Darboux Bull. (2) VII, 237—244,
1883. — Halley, Apollonii Pergaei Conicorum libri octo, et
Sereni Antissensis de Sectione cylindri et coni libri duo. Oxon.
1710. — Serenus dtsch. v. E. Nizze. Pr. Stralsund 1860 u. 1861.

359. **Hillel II Hannasi**, Vorsteher der Schule zu Tiberias, be-
gründet die jüdische Zeitrechnung.
Lit. A. Schwarz, Der jüdische Kalender historisch und astro-
nomisch untersucht. Breslau 1872. — B. Zuckermann, Materialien
zur Entwickelung der altjüdischen Zeitrechnung. Breslau 1882.

370. **Theon von Alexandria.** Lehrer am Museum zu Alexan-
dria, Vater der Hypatia. Kommentar zum Almagest. Gab
die Elemente Euklids heraus. Näherungsmethoden für
Quadratwurzeln. Vergleicht die Höhe der Berge mit dem
Radius der Erde.
Lit. M. Cantor, Vorles. ü. Gesch. d. Math. I, 417 ff. —
A. Heller, Gesch. d. Phys. 1, 138. — R. Wolf, Gesch. d. Astr.
S. 64, 147, 197, 572. — Halma, Commentaire du Théon sur le
livre premier de la composition mathématique de Ptolémée, trad.
3 vol. Paris 1822—25.

375. **Patrikios**, spätgriechischer Mathematiker. Geometrisches,
Flächen- und Volumenbestimmung.
Lit. Th. H Martin, Mém. Prés. à l'Ac. d. Inscr. Sujets
divers d'érudition, p. 220. Paris 1854. — M. Cantor, Vorles. ü.
Gesch. d. Math. I, 416 ff.

392. **Theodosius der Grofse** giebt den Befehl zur Verbrennung der
heidnischen Tempel, wobei auch die zweite alexandrinische
Bibliothek im Serapistempel zerstört wurde.

398. **Hypatia**, Tochter des Theon von Alexandria (375—415,
wo sie bei einem Volksaufstande vom christlichen Pöbel
zerrissen wurde). Schrieb mehrere mathematische Schriften,
auch einen astronomischen Kanon.
Lit. R. Hoche, Hypatia, die Tochter Theons. Philologus

XV, 1860, 435 ff. — Meyer, Hypatia von Alexandria, ein Beitrag zur Geschichte des Neuplatonismus. Heidelberg 1886. — A. Heller, Geschichte der Physik. I, S. 138 ff. — M. Cantor, Vorles. ü. Gesch. d. Math. I, 421—422.

400. **Macrobius, Theodosius.** Vielleicht aus Afrika stammend. Römischer Schriftsteller. In seinem 'Commentarius in Somnium Scipionis' ist viel Mathematisches, auch zuerst das Wort Ekliptik.

Lit. Macrobii, Opera, ed. v. Jan. Quedlinburg u. Leipzig, 1848—52. — S. Günther, Mathematik, Naturwissenschaft etc. im Altertum. Handb. d. klass. Altertumsw. V, 1. Abt. S. 74

410. **Synosius.** (Cyrene 378—430.) Bischof von Ptolemais in Ägypten. In der Physik Schüler der Hypatia. Beschreibt ein Skalenaräometer, konstruiert ein Astrolabium.

Lit. A. Heller, Gesch. d. Phys. I, 139.

450. **Entstehung des Originals des Codex Arcerianus.** Sammlung von Vorschriften über Gebietseinteilung, Ländervermessung und dergleichen für römische Verwaltungsbeamte.

Lit. M. Cantor, Die römischen Agrimensoren und ihre Stellung in der Geschichte der Feldmeßkunst. Eine historisch-mathematische Untersuchung. Leipzig 1875.

450. **Domninos** aus Larissa in Syrien. Mitschüler des Proklus bei Syrianus und nach dem Tode dieses Proklus' Nebenbuhler. Später in Laodicäa in Syrien. Werk über Arithmetik nach der Methode Euklids, im Gegensatz zu Nikomachus. Elemente der Arithmetik. Κεφάλεια τῶν ὀπτικῶν.

Lit. P. Tannery, Domninos de Larissa. Darboux Bull. (2) VIII, 288—298. — Wilde, Über die Optik der Griechen. Pr. Berlin 1832.

450. **Proklus.** (Byzanz 412—485.) Nachfolger, διάδοχος, Syrians als Leiter der Philosophenschule zu Athen. Kommentar zum ersten Buche (wahrscheinlich auch zu den übrigen Büchern) der Elemente des Euklid, teils Geminus, teils Pappus als Quelle benutzend. Studierte die höheren Kurven, die Cissoide, den Torusschnitt, die Hippopede. Kinematische Erzeugung krummer Linien mit Hilfe des Parallelogramms der Bewegungen für rechtwinklige Komponenten.[1] Suchte den Einfluß der Gestirne auf die lebenden Wesen wissenschaftlich zu begründen. Kommentar zum Τετράβιβλος.[2]

Lit. 1) M. Cantor, Vorles. ü. Gesch. d. Math. I, 423 ff. — Procli Diadochi in primum Euclidis elementorum librum commentarii, ed. Friedlein, Leipzig 1873. — Knoche, Untersuchungen über die neu aufgefundenen Scholien des Proclus Diadochus zu Euklids Elementen. Herford 1865. — Proklus, Philosophical and mathematical Commentaries on Euclids Elements, ed. by T. Taylor, 2 vol. London 1792. — P. Tannery, Le vrai problème de l'histoire des mathématiques anciennes. Darboux Bull. (2) IX, 104—120, 1885. — P. Tannery, Résumé historique de Proclus. Darboux Bull. (2) X, 49—64, 1886. — L. Majer, Proklus über die Petita und Axiomata bei Euklid. Pr. Tübingen 1875. — J. L. Heiberg, Litterargeschichtliche Studien über Euklid. Leipzig 1882, S. 164 ff. — B. Boncompagni, Intorno al comento di Proclo sul primo libro degli elementi di Euclide. Boncompagni Bull. VII, 1874, 152—165. — Ed. Zeller, Die Philosophie der Griechen. III, 2. Leipzig 1881, S. 774 ff. — 2) Gedruckt Lugduni Batavorum 1654. — A. Häbler, Astrologie im Altertum. Pr. Zwickau 1879.

450. **Victorius von Aquitanien.** Canon paschalis, eine Osterrechnung, Anleitung zur richtigen Bestimmung des Osterfestes. Darin wird das Jahr der Gründung Roms 754 als Jahr 1 eingeführt. Calculus, worin Rechnung mit Brüchen und Tabellen für die Multiplikation grofser Zahlen.

Lit. G. Friedlein, Der Calculus des Victorius. Z. f. Math. u. Phys. XVI, 42—79 u. 253—254, 1871. — G. Friedlein, Victorii Calculus, ex Codice Vaticano editus. Boncompagni Bull. IV, 443—469, 1871.

470. **Martianus Capella.** Satiricon de nuptiis philologiae et Mercurii, eine Encyklopädie, worin viel Mathematisches. Zur Arithmetik des Capella schrieb Remigius d'Auxerre einen Kommentar.

Lit. M. Cantor, Vorles. ü. Gesch. d. Math. 1, 479 ff. — Martiani Capellae, De nuptiis philologiae et Mercurii de septem artibus liberalibus libri IX, ed. Ulr. Kopp. Frankfurt a. M. 1836. — Martianus Capella, Franc. Eyssenhardt rec. Accedunt scholia in Caesaris Germanici Aratea. Leipzig 1866. — E. Narducci, Comento inedito di Remigio d'Auxerre al „Satyricon" di Marciano Capella e altri comenti al Satyricon. Boncompagni Bull. XV, 505—580, 1883.

470. **Marinus von Neapolis.** Aus Flavia Neapolis in Palästina, dem alten Sichem. Schüler und Nachfolger des Proklus Diadochus. Biographie des Proklus. Vorrede zu den Daten Euklids.

Lit. M. Cantor, Vorles. ü. Gesch. d. Math. I, 425.

500. **Heliodorus.** (Zw. 440 und 445 zu Larissa geb.) Spätgriechischer Mathematiker.

500. **Damascius**, Neuplatoniker aus Damaskus. Studierte erst in Alexandria Rhetorik, dann zu Athen, wo er in der

Dialektik Schüler des Philosophen Isidorus Magnus und in
der Mathematik Schüler des Marinus war. Übernahm 510
die Leitung der Schule zu Athen, wurde um 532 von
Justinian verbannt, kehrte aber schon 533 ans Persien
zurück. Wahrscheinlich Autor des XV. Buches der Ele-
mento Euklids.

Lit. M. Cantor, Vorles. ü. Gesch. d. Math. 1, 426 427. –
Th. H. Martin, Sur l'époque et l'auteur du prétendu XVᵉ livre
des éléments d'Euclide. Boncompagni Bull. VII, 263 267. 1874.

Ed. Zeller, Die Philosophie d. Griechen. III, 2. S. 837.

VIII. Zeittafel. 500—750.

Inder. Beginn der Scholastik des Mittelalters.

510. **Aryabhatta.** (Pataliputra a. ob. Ganges 476 geb.) Indischer
Mathematiker. Behandelt in drei Abschnitten seines Werkes
Aryabhattijam die Mathematik. Regeldetri, Zins- und
Mischungsrechnung, sechs algebraische Grundoperationen,
Ausziehung der Quadrat- und Kubikwurzel mit Hilfe der
Formeln für $(a + b)^2$ und $(a + b)^3$, Reihen, Permutationen,
Gleichungen 1. u. 2. Gr. mit einer Unbekannten, Zahlen-
theorie, unbestimmte Gleichungen 1. u. 2. Gr. mit Hilfe
der Aufsuchung des größten gemeinsamen Teilers, magische
Quadrate. $\pi = \frac{62832}{20000}$. Unrichtige Formeln für den Inhalt
der Pyramide und der Kugel.

Lit. Rodet, Leçons de calcul d'Aryabhatta, Journal Asiatique 1879. — M. Cantor, Vorles. ü. Gesch. d. Math. V. Abschnitt. Inder. 1, 505—562. — H. Hankel, Zur Gesch. d. Math.
in Altertum und Mittelalter. Leipzig 1874. Mathematik der
Inder. S. 172—222.

515. **Boethius,** Anicius Maulius Torquatus Severinus. (Rom
480 — Pavia 524, wo er enthauptet wurde.) Lebte zu
Rom und zu Pavia. Begründer der Scholastik des Mittelalters. Übersetzte und bearbeitete viele griechische Schriften
mathematischen, mechanischen und physikalischen Inhalts.
Diese Bearbeitungen dienten im Mittelalter als Lehrbücher.
Unterschied das Trivium: Grammatik, Rhetorik und Dialektik,
und das Quadrivium: Geometrie, Musik, Arithmetik und
Mechanik. Schrieb eine Arithmetik: De institutione arithmetica, worin die Mensa Pythagorica (Einmaleinstafel)

erwähnt wird. Er unterschied Fingerzahlen (digiti, Einer)
und Gelenkzahlen (articuli, Zehner). Komplementäre
Rechenmethoden mit Apices. Die ihm früher zugeschriebene
Geometrie ist wahrscheinlich nicht von ihm. Er machte das
Mittelalter mit Aristoteles bekannt. Fünf Bücher über die
Musik. Im Kerker schrieb er die „Tröstung der Philosophie".

Lit. M. Cantor, Vorles. ü. Gesch. d. Math. I, 485 ff. —
Ed. Zeller, Die Philos. d. Griechen. III, 2. S. 856 ff. — Anicii
Manlii Torquati Severini Boetii, De institutione arithmetica
libri duo, de institutione musica libri quinque. Accedit geometria
quae fertur Boetii. E libris manu scriptis edidit Godofredus
Friedlein. Leipzig 1867. — Herm. Weifsenborn, Zur
Boëtiusfrage. Pr. Eisenach 1880. — H. Düker, Der liber mathe-
maticalis des heil. Bernward im Domschatze zu Hildesheim.
Pr. Hildesheim 1875. (Analyse der Arithmetik des Boëthius, die
eine fast wörtliche Übersetzung des Nikomachus ist.) — J. Paul-
son, De fragmento Lundensi Boëtii de institutione arithmetica
librorum. Lund. Arsskr. XXI, 1885. — B. Boncompagni, Intorno ad un passo della geometria di Boezio relativo al pentagono
stellato. Boncompagni Bull. VI, 1873, 341—356. — Bern. Baldi,
Vite di matematici italiani, pubbl. da Enr. Narducci, Boncompagni Bull. XIX, 521—586, 1886. — F. Gustafsson, De
codicibus Boëtii de institutione arithmetica librorum Bernensibus.
Act. Soc. Fenn. XI, 1880. — H. Weifsenborn, Die Entwickelung
des Ziffernrechnens. Pr. Eisenach 1877. — Boethius, 5 Bücher
über Musik, dtsch. von O. Paul. Leipzig 1880.

525. **Simplicius.** Einer der letzten sieben Weisen Griechenlands
aus der neuplatonischen Schule. Schrieb einen auch
historisch wichtigen Kommentar zu den Schriften des
Aristoteles.

Lit. Simplicii Commentarius in octo Aristotelis physicae
auscultationis libros. Venetiis 1526, ap. Aldum Manutium. —
Ed. Zeller, Die Philosophie d. Griechen. III, 2. S. 844 f. —
Brandis, Scholia in Aristotelem ed. Ac. R. Bor. Berol. 1836. —
Sim. Karsten, Simplicii Commentarius in IV libros Aristotelis
de coelo. Traj. ad Rhenum 1865. — Schiaparelli, Die homocentrischen Sphären des Eudoxus etc. Anhang II. Auszug aus
dem Kommentar des Simplicius zum zweiten Buch des Aristoteles
de coelo. Z. f. Math. XXII, Suppl. 182—198, 1877.

525. Der römische Abt **Dionysius Exiguus,** der als der Urheber
der dionysischen Ära gilt (siehe 450), verlegt den Anfang
des Jahres vom Karfreitag auf den 1. Januar. (Jahr 1
vom 1. Januar bis 31. Dezember 754.)

Lit. Bern. Baldi, Vite di matematici italiani, pubbl. da
Enr. Narducci. Boncompagni Bull. XIX, 586—590, 1886. —
R. Wolf, Gesch. d. Astr. S. 64.

525. Anthemios aus Byzanz. (Zu Tralles in Lydien (?) geb. — Konstantinopel 534 †.) Baumeister und Bildhauer unter Kaiser Justinian. Mit Isidorus von Milet Erbauer der Hagia Sophia in Konstantinopel. Geschickter Mechaniker. Schrieb περὶ παραδόξων μηχανημάτων. Über konische Brennspiegel. Vielleicht der Verfasser des 'Fragmentum mathematicum Bobiense', worin die Bestimmung des Brennpunktes der Parabel.

Lit. R. Stuart, Historical and descriptive anecdotes of Steam engines and of their invention. I. London 1829. — A. Heller, Gesch. d. Physik. 1, 92. — L. Dutens, Du miroir ardent d'Archimède. Paris 1775. — J. L. Heiberg, Zum fragmentum mathematicum Bobiense. Z. f. Math. XXVIII, III. Abt. 121 129, 1883. — Planck, Die Feuerzeuge der Griechen und Römer und ihre Verwendung zu profanen und sakralen Zwecken. Pr. Stuttgart 1884.

529. Schliefsung der Philosophenschule zu Athen durch den oströmischen Kaiser Justinian I.

Lit. Ed. Zeller, Die Philosophie der Griechen. III, 2. Die Schule von Athen. S. 746 ff.

530. Eutokios. (Zu Askalon 480 geb.) Lebte unter Kaiser Justinian. Schrieb Kommentare zu einigen Schriften des Archimedes und zu den vier ersten Büchern der Κωνικά des Apollonius. Ein dritter Kommentar zum Almagest des Ptolemäus ist verloren. Seine Kenntnisse der höheren Geometrie schöpfte er aus Eudemus.

Lit. J. L. Heiberg, Philosophische Studien zu griechischen Mathematikern. I, II. J. d. class. Phil. XI, Suppl. 357—399, u. Leipzig, Teubner 1881. — P. Tannery, Eutocius et ses contemporains. Darboux Bull. (2) VIII, 315—329, 1884.

540. Varâhamihira. († 587.) Indischer Mathematiker und Astronom. Seine astrologischen Schriften sind erhalten, sein astronomisches Werk ist verloren gegangen. Er benutzt ein früheres astronomisches Werk Sûrya Siddhânta, das Wissen der Sonne, das aus dem IV. oder V. Jahrh. stammt.

Lit. Bhâu Dâjî, On the age and authenticity of the works of Aryabhata, Varâhamihira, Brahmegupta, Bhattotpala and Bhaskaracharya. Journ. of Asiat. Soc. New Series. 1, 392—418. London 1865. — Siddhânta, herausgeg. mit englischer Übersetzung von Burgess mit Anmerkungen von Whitney. Journ. of the American-Oriental Soc. VI, 141—498. New-Haven 1860. — M. Cantor, Vorles. ü. Gesch. d. Math. I, 509.

562. Cassiodorius, Magnus Aurelius Senator. (In Bruttien unweit Scyllaeium 475—570 in dem von ihm gestifteten Kloster daselbst.) 'De artibus ac disciplinis liberalium litterarum', eine Encyklopädie (Grammatik, Rhetorik, Dialektik, Arithmetik, Musik, Geometrie und Astronomie). Computus paschalis, Osterrechnung. Variarum epistolarum libri XII.

Lit. M. Cantor, Vorles. ü. Gesch. d. Math. I, 481 ff. — A. Thorbecke, Cassiodorus Seuator. Pr. Lyc. Heidelberg 1867.

601. **Isidorus Hispalensis.** (Carthagena 570 — Sevilla 636.) Von 601—636 Bischof von Sevilla. Origines, eine Encyclopädie in 20 Büchern. Das III. Buch handelt von den 4 mathematischen Wissenschaften. Neben vielen Worterklärungen eine eigentümliche Vermutung über die Abstammung der römischen Zahlwörter.

Lit. M. Cantor, Vorles. ü. Gesch. d. Math. I, 704 ff.

610. **Stephanus von Alexandria.** Lehrte zu Konstantinopel unter Kaiser Heraklius. Hielt Vorlesungen über Schriften des Platon und Aristoteles, über Geometrie, Arithmetik, Musik und Astronomie. Kommentar zu den astronomischen Handtafeln des Theon von Alexandrien.

Lit. Herm. Usener, De Stephano Alexandrino Commentatio. Bonn 1880.

622. **Mohammeds Flucht** aus Mekka. Beginn der **Hedschra,** der mohammedanischen Zeitrechnung (Mondjahre).

635. **Asklepias von Tralles.** Alexandrinischer Gelehrter. Kommentar zum Nikomachus.

638. **Brahmagupta,** indischer Mathematiker. (598 geb.) Brāhmasphuta-Siddhānta, Erkenntnis, eine Encyclopädie der Wissenschaften. Das 12. und das 18. Kapitel enthalten die Mathematik. Elemente der Goniometrie, Sinustabelle. Regel für die Bildung rechtwinkliger Dreiecke mit rationalen Seiten: $\frac{1}{4}\left(\frac{p^2}{q}+q\right)^2 = \frac{1}{4}\left(\frac{p^2}{q}-q\right)^2 + p^2.$ Inhalt des Kreisvierecks $\sqrt{(s-a)(s-b)(s-c)(s-d)}.$

Lit. M. Cantor, Vorles. ü. Gesch. d. Math. I, Kap. V. Inder, S. 505—562. — H. Hankel, Zur Gesch. d. Math. in Altert. u. Mittelalter. Die Inder. S. 172—222. — Algebra with arithmetic and mensuration from the Sanscrit of Brahmegupta aud Bhaseara translated by H. Th. Colebrooke. London 1817. — H. G. Zeuthen, Brahmeguptas Trapez. Zeuthen Tidsskr. (3) VI, 168—174, 181—191, 1876. — Éd. Lucas, Sur un théorème de l'arithmétique indienne. Boncompagni Bull. IX, 1876, 157—164. — Fernere Literatur bei Aryablatta. — H. Weissenborn, Das Trapez bei Euklid, Heron und Brahmegupta. Z. f. Math. XXIV, Suppl. 167—184, 1879.

640. **Johannes Philoponus.** Grammatiker zu Alexandria. Schüler des Asklepius von Tralles. Schrieb Scholien zur Introductio arithmetica des Nikomachus und einen Kommentar zur Physik des Aristoteles. Ferner De usu Astrolabii ejusquo constructione libellus.

Lit. M. Cantor, Vorles. ü. Gesch. d. Math. 1, 427 f. — Johannes Philoponus in Nicomachi introduct. arithmet.; ed. Hoche. 1. Heft, Leipzig 1864, 2. Heft Berlin 1867. — R. Wolf, Gesch. d. Astr. S. 165.

642. **Alexandria** zerstört durch den Kalifen Omar I. Sage von der Verbrennung der alexandrinischen Bibliothek.

703. **Beda Venerabilis.** (Monkton bei Girvey in Northumberland 672 — Girvey 735, 26. Mai.) Presbyter zu Girvey, oinem Kloster an der Grenze Schottlands. Lehrto im 1. Kapitel seines Buches 'De temporum ratione', einer Zeitrechnung zur Bestimmung der christlichen Feste, die Fingerrechnung: 'do computo vel loquela digitorum'. Werke über Kosmologie und Zeitrechnung. Sein Werk 'Do sex aetatibus mundi' führte dio Zeitrechnung des Dionysius in die Geschichtschreibung des Mittelalters ein.

Lit. Karl Werner, Beda der Ehrwürdige und seine Zeit. Wien 1875. — Venerabilis Bedae opera quae supersunt omnia, ed. Giles. 12 Bde. London, 1843. — S. Günther, Geschichte des mathematischen Unterrichts im deutschen Mittelalter bis zum Jahre 1525. Berlin 1887.

717. **Yih-Hing,** indischer Buddhapriester in China. Schrieb Ta yen leih schuh, ein Buch über unbestimmte Analytik.

Lit. L. Matthiefsen, Grundzüge d. ant. u. mod. Algebra der litteralen Gleichungen. Leipzig 1878, S. 964.

745. **Virgilius von Salzburg.** († 784.) Abt von St. Peter, 767 Bischof. Richtige Ansichten über die Gestalt der Erde. Streit mit dem heil. Bonifacius über die Lehre von den Antipoden.

Lit. S. Günther, Studien zur Geschichte der mathematischen und physikalischen Geographie. 1. Heft. Die Lehre von der Erdrundung und Erdbewegung im Mittelalter bei den Occidentalen. 2. Heft. Die Lehre von der Erdrundung und Erdbewegung im Mittelalter bei den Arabern und Hebräern. Halle, 1877.

IX. Zeittafel. 750—1100.

Araber. Klostergelehrte des Mittelalters.

750. **Geber,** Giâfr, Abû Mûsâ Schâbir al Sofi. (Hauran in Mesopotamien 702—765.) Alchymist. Vater der Chemie. Lehrte
zu Sevilla.

   Lit. A. Heller, Gesch. d. Physik. 1, 165 ff. — Wüstenfeld,
Gesch. d. arab. Ärzte und Naturforscher. S. 12. — Geber's Vollst.
chemische Schriften. Erfurt 1710 und Wien 1751. — Gebri,
Summae perfectiouis magisterii in sua natura libri IV, cum addi-
tioue ejusdem reliquorum tractatuum. Dautisc. 1682.

754—775. Die Regierung des Kalifen **Almansur.** Arabische Übersetzungen. 'Sindhind' oder 'Sûrya-Siddhânta', ein aus Indien
stammendes, spätestens im V. Jahrhundert verfaßtes Lehrbuch der Astronomie wird ins Arabische übersetzt.

   Lit. M. Cantor, Vorles. ü. Gesch. d. Math. J, 596 f.

764. **Bagdad** vom Kalifen **Almansur** erbaut. Sitz der Gelehrsam-
keit. Beginn der Geschichte der Mathematik bei den **Arabern.**

   Lit. H. Hankel, Zur Geschichte der Mathematik in Altertum
und Mittelalter. Leipzig 1874. Araber S. 223—295. — M. Cantor,
Vorlesungcu über Geschichte der Mathematik. VII. Abschuitt.
Araber. I, 593—700. — R. Wolf, Geschichte der Astronomie.
S. 66 ff. — A. Heller, Geschichte der Physik. S. 158 ff. —
Fr. Wöpche, Recherches sur l'histoire des sciences mathématiques
chez les Orieutaux. Journ. Asiat. (5) IV, 348—384, 1854; V,
219—256, 1855; XV, 282—320, 1860. — J. C. Gartz, De inter-
pretibus et explanatoribus Euclidis arabicis. Diss. Halae 1823. —
Klamroth, Über den arabischen Euklid. Z. d. D. morg. Ges.
XXXV, 270—325. — Wenrich, De auctorum Graecorum versiouibus
Arabicis. Lipsiae 1842. Preisschrift. — Als Quellen sind angegeben in M. Steinschueider, Euklid bei den Arabern. Eiue
bibliographische Skizze. Z. f. Math. XXXI, Hl. Abt. 81—110,
1886, folgende: Al Kifti, Biographisches Lexikon (XIII. Jahrh.),
in Casiri's Bibliotheca arabica. d'Herbetot, Bibliothèque
orientale, Auszüge aus Kagi Khalfa's Bibliograph. Wörterbuch,
arab. u. lat. von Flügel. Hammer, Encyklopädische Übersicht der Wissenschaften des Orients. Leipzig 1804. Leclerc,
Histoire de la médeciue arabe. Paris 1876, 2 vol. Al Nadim,
Fihrist (Katalog, Eude d. X. Jahrh.), red. von Flügel. Leipzig
1871, 2. Bd. von J. Rödiger und Aug. Müller, 1872. Ibn
abi Oseibia (XIII. Jahrh.) Geschichte der Ärzte, bearb. von
Aug. Müller, Köuigsberg 1884. Auszug von Wüstenfeld, Geschichte der arabischen Ärzte. Göttiugen 1840. — H. Suter, Das
Mathematiker-Verzeichniss im Fihrist etc. Z. f. Math. XXXVII,
Suppl. 1—87, 1892.

773. **Auftreten indischer Astronomie in Bagdad.** Ein Auszug
aus dem astronomischen Werke **Siddhânta** des **Brahmagupta**
kommt durch einen Inder nach Bagdad und wird dort von
den Arabern übersetzt.

> Lit. M. Cantor, Vorles. ü. Gesch. d. Math. 1, 597 f. —
> Fr. Wöpcke, Sur le mot Kardaga et sur une méthode indienne
> pour calculer les sinus. Nouv. Ann. d. math. XIII, 386—394.
> Paris 1854.

780. **Alcuin.** (York 736 — Hersfeld in Hessen 804, 19. Mai.)
Zuerst Lehrer an der Klosterschule zu York, dann seit 782
Karl's des Grofsen Gehilfe in dessen civilisatorischen Be-
strebungen, später Abt von St. Martin zu Tours. Gründete
Klosterschulen mit dem Trivium und Quadrivium. Schrieb
'Propositiones ad acuendos juvenes'. Aufgaben für das an-
gewandte Rechnen. Fingerrechnen und Rechnen mit römischen
Zahlen.

> Lit. Karl Werner, Alcuin und sein Jahrhundert. Paderborn
> 1876. — Monumenta Alcuiniana, ed. Wattenbach und Dümmler.
> Bibliotheca rerum Germanicarum. VI. Berlin 1873. — Alcuini
> Opera, ed. Frobenius. Regensburg 1777.

786—809. **Harun Arraschid's** Regierung. Arabische Übersetzungen griechischer Schriften, Hippokrates, Galen,
Aristoteles, Euklid.

> Lit. Wenrich, De auctorum graecorum versionibus et com-
> mentariis syriacis, arabic. etc. Lipsiae 1842.

800. **Karl der Grofse** (747—814). Förderer der Wissenschaften
Gründete mit Alcuin eine gelehrte Gesellschaft, welche die
Pflege der Mathematik und der Astronomie und die Ver-
besserung der Sprache sich angelegen sein liefs. Neuer
Kalender.

> Lit. S. Günther, Gesch. d. math. Unterrichts im deutschen
> Mittelalter bis z. J. 1525. Berlin 1887. S. 22 ff. — F. Piper,
> Karl der Grofse, Kalendarium und Ostertafel. Berlin, 1858.

813—833. **Al-Mamun** Abdallah, Kalif von Bagdad. (Bagdad
Sept. 786 — Tarsus Aug. 833.) Sohn des Harun Arraschid.
Pfleger der mathematischen Wissenschaften. Liefs zahlreiche
griechische Werke, u. a. die des Hippokrates, Galenus, Theophrastus, den Almagest, die Elemente Euklids und Schriften
des Aristoteles ins Arabische übersetzen.

> Lit. R. Wolf, Gesch. d. Astr. S. 66 ff. — M. Cantor, Vorles.
> ü. Gesch. d. Math. I, 594 u. ff.

815. **Alfragan**, Ahmed Mohammed ben Kathair, genannt Al For
gani oder der Rechner. (Geb. zu Fergana in Sogdiana —
† 833 oder 844.) Astronom des Al-Mamun. Seine 'Rudimenta astronomiae', übersetzt 1135 von Johannes Hispalensis,
wurden aus dem Nachlasse Regiomontans i. J. 1537 von
Melanchthon herausgegeben.

> Lit. Ketiri Fergani, Elementa astronomiae, arab. et lat.
> cum notis J. Golii. Amsterdam 1669. — Heilbronner, Historia
> matheseos universae. Lipsiae 1742, p. 426. — M. Steinschneider,
> Zum Speculum astronomicum des Albertus Magnus, über die darin
> angeführten Schriftsteller und Schriften. Z. f. Math. XVI, 1871,
> p. 365.

820. **Hrabanus Maurus.** (788 — Rheingau 856.) Primus
praeceptor Germaniae. Lehrte Mathematik in der Klosterschule zu Fulda. Starb als Erzbischof von Mainz. Sein
'Computus' ist z. t. ein wörtlicher Auszug aus der Schrift
Beda's. 'De Universo libri XXII, sive etymologiarum opus',
eine Encyclopädie nach Isidor von Sevilla.

> Lit. A. Heller, Geschichte der Physik. I. Stuttgart, 1882.
> S. 172 ff. — S. Günther, Gesch. d. math. Unterrichts im deutschen
> Mittelalter. Berlin 1887, S. 66 u. f. — Köhler, Hrabanus Maurus
> und die Schule zu Fulda. Chemnitz 1870.

820. **Muhammed ibn Musa Alchwarizmi.** Arabischer Mathematiker und Astronom. Beobachtete zu Bagdad und Damaskus. Schrieb eine Arithmetik. Seine Algebra (Aldschebr
w Almucabala, restauratio et oppositio, Namen für zwei algebraische Hauptoperationen, deren erster später die ganze
Disziplin bezeichnete) war bei den Arabern als Lehrbuch lange
in grofsem Ansehen. (Das Zahlenrechnen der Araber, bei dem
die 6 Operationen Addieren, Subtrahieren, Halbieren, Verdoppeln, Multiplizieren und Dividieren unterschieden werden,
ähnelt dem der Inder. Addition, Subtraktion und Multiplikation
algebraischer Gröfsen, die nur x, x^2 und $\sqrt{x}$ enthalten. Regula
elchatayn, Regel der 2 Fehler, und Methode der Wag-
schalen. Auflösung quadratischer Gleichungen von der Form
$x^2 + ax = b$ und $x^2 - ax = -b$; die Richtigkeit der durch
Rechnung gefundenen Lösung wird rein geometrisch nachge-
wiesen. Nur die positiven Wurzeln der Gleichungen werden
berücksichtigt.) Schrieb ferner „Über die Vermehrung und
Verminderung". Seine Geometrie ist teils griechischen, teils
indischen Mustern entlehnt. Der pythagoräische Lehrsatz wird
für das gleichschenklige Dreieck durch Zerlegung des Quadrates

in eben solche Dreiecke veranschaulicht. Übersetzte auf Befehl des Kalifen Al-Mamun einen Auszug aus dem Sindhind und revidierte die Tafeln des Ptolemäus mit Hilfe eigener Beobachtungen. Liefs auch die Mefsung eines Erdmeridiangrades ausführen. Förderte die Trigonometrie. Die lateinische Übersetzung des Namens Alchwarizmi, Algorithmi, führte zu dem Kunstausdruck Algorithmus.

Lit. M. Cantor, Vorles. ü. Gesch. d. Math. I, 611 ff. — A. v. Kremer, Kulturgeschichte des Orients unter den Kalifen. Wien 1877. II, 442. — Libri, Histoire des sciences mathématiques en Italie. Paris 1837. I. Note XII. — Aristide Marre, Le Messâhat de Mohammed ben Moussa al Khârezmi. Extrait de son Algèbre, trad. et ann. 2. éd. Rome 1866. (Messâhat = Thor der Mefskunst). — The Algebra of Mohammed ben Musa, ed. and transl. by Friedr. Rosen. London 1831. — A. Favaro, Notizie storico-critiche sulla costruzione delle equazioni. Modena 1878.

820. **Messahala,** oder Maschallah, jüdischer Astronom und Mathematiker. Schrieb in arabischer Sprache. Wurde von Al-Mamun bei der Übersetzung und Bearbeitung des Almagest beschäftigt. Schrieb 'De utilitate et compositione astrolabii', 'De elementis et orbibus coelestibus', ein Elementarbuch der Astronomie. Astrologisches.

Lit. M. Steinschneider, Zum Speculum astronomicum des Albertus Magnus, über die darin angeführten Schriftsteller und Schriften. Z. f. Math. XVI, 376—380, 1871.

825. **Mohammed ben Müsä ben Schakir.** Arabischer Mathematiker. Erst Wüstenräuber, später am Hofe des Kalifen Al-Mamun in hoher Stellung. Trisektion des Winkels mittelst der Conchoide.

Lit. M. Cantor, Vorles. ü. Gesch. d. Math. I, 629.

829. **Al-Mamun** (786—833) errichtete zu Bagdad eine Sternwarte, wo er selbst beobachtete. Liefs zwei geodätische Messungen in den Ebenen Mesopotamiens ausführen, um die Länge des Meridiangrades zu bestimmen.

Lit. R. Wolf, Gesch. d. Astr. S. 66 f. — A. Heller, Gesch. d. Physik. I, 160 u. f. — Haji Kalfa, Lexicon bibliographicum etc. III, 466. — Casiri, Bibliotheca arabico-hispana Escur. Matriti 1760, I, 425.

850. **Walafried Strabus.** (810—894.) Lehrte Mathematik in der Klosterschule zu Reichenau.

Lit. P. Trudpert. Neugart. Episcopatus Constantiensis,

Pars 1, Tom. 1. St. Blasien 1803. — S. Günther, Geschichte
des mathematischen Unterrichts etc. S. 47 ff.

850. **Leon,** byzantinischer Mathematiker. Erst auf Andros, dann
in Konstantinopel, später als Metropolit in Thessalonich.
Hielt in Konstantinopel öffentliche Vorlesungen über Mathematik. Astrologische Schriften.

> Lit. J. L. Heiberg, Der byzantinische Mathematiker Leon.
> Bibl. Math. (2) I, 33—36, 1887. — M. Cantor, Vorles. ü. Gesch.
> d. Math. I, 205.

850. **Alchindi** (Alchendi, Alkindius), eigentl. Jakub ben Jsbäk,
Abu Jussuf Alchindi, Al-Basri. (c. 813—873). Arabischer
Philosoph, Arzt, Astronom und Astrolog. Liber de radiis
stellicis. De motu diurno. De proportionibus. De nobili-
tate. De subtilitate. De rerum gradibus.

> Lit. G. Flügel, Al-Kindi, genannt „der Philosoph der
> Araber" etc. Leipzig 1857, Abhandlungen f. d. Kunde des Morgen-
> landes I, 1—54. — Wüstenfeld, Geschichte der arabischen
> Ärzte und Naturforscher. Göttingen 1840, Nr. 57. — Chasles,
> Aperçu historique sur l'origine et le développement des méthodes
> en géométrie. Bruxelles 1837, p. 291 u. 492. — Montucla,
> Histoire des mathématiques. 2 éd. Paris, an VII, p. 373—374.

850. **Albumasar,** eigentl. Abu-Maaschar Giafar ben-Mohammed.
(Balkh, Khorassan 805/806 — Vasith 885.) Arabischer
Philosoph, Astronom, Arzt und Astrolog in Bagdad. Liber
conjunctionum.

> Lit. Albumasaris, De magnis conjunctionibus annorum
> ac revolutionibus eorum. Aug. Vind. 1488, Venet. 1515. Intro-
> ductorium ad astronomiam Albumasaris Ablachi. Aug. Vind. 1489,
> Venet. 1506. Flores astrologici, cum Zodiaci et Planetarum
> figuris. Aug. Vind. 1488. — M. Steinschneider, Zum speculum
> astronomicum des Albertus Magnus, über die darin angeführten
> Schriftsteller und Schriften. Z. f. Math. XVI, 1871, 360—361.

850. **Honein ben Jshäk.** († 873.) Arabischer Arzt, Christ zu
Bagdad. Übersetzte mehrere griechische naturwissenschaftliche
und astronomische Schriften. Bearbeitete auch den Almagest
des Ptolemäus.

> Lit. R. Wolf, Gesch. d. Astr. S. 197.

854. **Almâhâni,** Abu Abdallah Mohammed, aus Mohan in Khorasan. Astronom und Mathematiker. Beobachtete 854—866
in Bagdad. Versuchte die archimedische Aufgabe, eine
Kugel in Abschnitte von gegebenem Volumenverhältnis zu
teilen, mit Hilfe kubischer Gleichungen zu lösen. Bei dieser
stereometrischen Lösung der kubischen Gleichung trat der
Begriff des Sinus einer körperlichen Ecke auf.

Lit. Notices et extraits des manuscrits de la bibliothèque nationale. Paris VII, 102 ff. — M. Cantor, Vorles. ü. Gesch. d. Math. 1, 664.

860. **Abu Dscha'far Alchâzin.** Versuchte die Gleichungen dritten Grades mit Hilfe von Kegelschnitten zu lösen.

Lit. M. Cantor, Vorles. ü. Gesch. d. Math. I, 664.

865. Die drei Brüder **Mohammed, Ahmed** und **Alhasan ben Musa ben Schäkir,** Söhne des Mohammed ben Schäkir. „Liber trium fratrum de geometria." (Methode der Kubikwurzelausziehnung. Neue Beweise geometrischer Sätze, die heronische Dreiecksformel u. a.) Eine Einleitung in die Kegelschnitte (Gärtnerkonstruktion der Ellipse) und mehrere andere mathematische Schriften. Trisektion des Winkels mittelst der Kreisconchoide.

Lit. M. Steinschneider, Die Söhne des Musa ben Schakir. Bibl. Math. (2) I, 44—48, 71—75, 1887. — M. Cantor, Vorles. ü. Gesch. d. Math. 1, 629 ff. — Der Liber trium fratrum de geometria, nach der Lesart des Codex Basileensis F. 11, 33, mit Einleitung und Kommentar herausg. von M. Curtze, Nov. Act. d. K. Leop. Car. Ak. XLIX, 109—167. Halle 1885.

870. **Abu Jakub Jshak ben Honein.** († 910.) Arabischer Mathematiker zu Bagdad. Übersetzte unter Aufsicht seines Vaters Honain ben Ishāk die meisten Werke Euklids, Archimedes' Buch von der Kugel und dem Cylinder, und den Autolykus.

Lit. R. Wolf, Gesch. d. Astronomie. S. 197. — Klamroth, Über den arabischen Euklid. Z. d. dtsch. morgenl. Ges. XXXV, 270—326, 1881. — J. L. Heiberg, Die arabische Tradition der Elemente Euklids. Z. f. Math. XXIX, Hl. Abt., 1—22, 1884.

875. **Thābit ben Korra** (Thebit ibn Kurrah). (Harran in Mesopotamien 833 — Bagdad 902.) Erst Geldwechsler, dann Mathematiker und Astronom zu Bagdad. Revidierte die arabischen Übersetzungen der sog. „mittleren Bücher", d. h. derjenigen zwischen den Elementen Euklids und dem Almagest des Ptolemäus. Übersetzte Schriften des Apollonius, Ptolemäus (aus μεγάλη σύνταξις wurde μεγίστη und Al magisti) Theodosius, Archimedes, Euklid. Verbesserung der Übersetzungen des Honein. Schrieb ein Werk über Zahlentheorie, worin die Herstellung der befreundeten Zahlen gelehrt wird. Trisektion des Winkels mit Hilfe der Conchoide.

Lit. M. Steinschneider, Thabit („Thebit") ben Korra. Bibliographische Notiz. Z. f. Math. u. Phys. XVIII, 331—338,

1873. — M. Steinschneider, Die „mittleren" Bücher der Araber
und ihre Bearbeiter. Z. f. Math. X, 456—498, 1865. — M. Cantor,
Vorles. ü. Gesch. d. Math. I, 603, 630 u. f. — R. Wolf, Gesch.
d. Astr. S. 48, 142, 197. — L. L. M. Nixius, Apollonii Coni-
corum lib. V. Nach der Übers. des Thabit Ibn Corrah. Diss.
Leipzig 1889. — M. Steinschneider, Euklid bei den Arabern.
Eine bibliographische Studie. Z. f. Math. XXXI, Hl. Abt.
81—110, 1886. — Prolégomènes historiques d'Ibn Khaldoun.
Notices et extraits des manuscrits de la bibliothèque Nationale.
Paris 1868, XXI, p. 179. — Dieterici, Die Propädeutik der
Araber im 10. Jahrh. Berlin 1865.

877. **Remigius von Auxerre.** († c. 908.) Schüler Alcuins, besonders verdient um das Schulwesen von Rheims, stiftet zu
Paris eine Schule, aus der sich später die Pariser Universität
entwickelt. Kommentar zur Arithmetik des Martianus Capella.

Lit. M. Cantor, Vorles. ü. Gesch. d. Math. I, 723 u. 724.
— Karl Werner, Alcuin und sein Jahrhundert. Paderborn
1876. S. 110 ff. — E. Narducci, Intorno ad un comento inedito
di Remigio d'Auxerre al „Satyricon" di Marziano Capella. Boncompagni Bull. XV, 1882, 505 — 565. — S. Günther, Gesch. d.
math. Unterrichts. S. 45, 71, 201.

885. **Albategnius,** Mohammed ben Gobir ben Sinān Abū Ab-
dallah Al-Battānī. (Battan in Mesopotamien c. 850 —
Damaskus 929.) Arabischer Prinz, Statthalter in Syrien.
Der gröfste arabische Astronom und Mathematiker. Be-
obachtete zu Ar-Rakka und Damaskus. Kommentar zum
Almagest. „Liber de motu stellarum", aus dem Nachlafs
Regiomontans 1537 von Melanchthon herausgegeben. Führte
die halbe Sehne des doppelten Winkels statt der ganzen
Sehne des einfachen Winkels ein, also die goniometrische
Funktion, die seit der Übersetzung des Plato von Tivoli im
XII. Jahrh. sinus genannt wird. Fügte dieser Funktion die
umbra recta, die Cotangente, hinzu und berechnete die erste
Cotangententafel. „Liber de scientia stellarum", worin der
Hauptsatz der sphärischen Trigonometrie. Bestimmte
genauer die Excentricität der Sonnenbahn und die Länge des
Jahres. Entdeckte die Bewegung des Apogäums der Sonne.

Lit. M. Steinschneider, Vite de matematici arabici etc.
Boncompagni Bull. V, 1872, 447—458. — M. Cantor, Vorles.
ü. Gesch. d. Math. I, 632 u. f. — R. Wolf, Gesch. d. Astron.
S. 67 ff. — A. Heller, Gesch. d. Physik. I, 171 f. — Rudimenta
astronomiae Alfragani; item Albategnius astronomus peri-
tissimus de motu stellarum, cum demonstration. geom. et
addit. Joannis de Regiomonte. Norimbergae 1537. — Moham-
metis Albatenii de scientia stellarum liber, cum aliqu. add.

Joannis de Regiomonte ex bibl. Vaticana transscriptus. Bononiae 1645. — Auszug hieraus in Delambre, Histoire de l'astronomie du moyen âge. Paris 1819, 10 ff.

900. **Kusta** ben **Luka.** (864—923.) Arabischer Philosoph und Arzt, Christ. Übersetzte die Sphärik des Theodosius, astronomisch-geometrische Schriften des Aristarch von Samos, des Autolykus, Hypsikles, Heron von Alexandrien, wahrscheinlich auch die Arithmetik des Diophant.

Lit. M. Cantor, Vorles. ü. Gesch. d. Math. I, 603. — Wüstenfeld, Gesch. d. arab. Ärzte u. Naturforscher S. 47.

910. **Rhases,** Muhamed Ibn Sakarjah Abu Bekr al Rasi. (Geb. zu Khorasan, † 932 Bagdad.) Chemiker und Mediziner. Schrieb El Hawi fil tib, Hauptsache der ärztlichen Wissenschaft.

Lit. A. Heller, Gesch. d. Physik. I, 167

912—961. Regierung des Omaijaden **Abd Arrhaman III.** Entwickelung der westarabischen Kultur. Gründung einer Bibliothek im Palaste zu Cordova. Glänzende Bauten.

Lit. A. Heller, Gesch. d. Physik. I, 158—165. Die Araber. — M. Cantor, Vorles. ü. Gesch. d. Math. I, 680.

925. **Ahmed ben Jusuf.** († 945.) Arabischer Mathematiker und Astronom. 'Liber do proportionibus' (Darin wird die figura cata, d. h. der Satz des Menolaus von den sechs auf den Dreiecksseiten durch eine Transversale gebildeten Abschnitten, behandelt). De arcubus similibus. Kommentar zum „Centiloquium" des Ptolemäus.

Lit. M. Steinschneider, Jusuf ben Ibrahim und Ahmed ben Jusuf. Bibliot. Math. (2) II, 49—52, 111—117, 1888. — M. Cantor, Ahmed und sein Buch über die Proportionen. ib. 7—9.

925. **Al-Farabi,** eigentl. Abu Nasr Mohamed Ebn Tarchan Al-Farabi. (Balah in der Provinz Farad 890 — Damaskus 953.) Philosoph und Astronom des Fürsten Seïf-el-Daulah. Kommentar zum Almagest. Verehrer des Aristoteles. Soll auch über Perspektive geschrieben haben. Ferner: Musices elementa. Encyclopaedia astronomiae. De uno et unitate. De puncto geometrico seu indivisibili.

Lit. M. Steinschneider, Al-Farabi, des arab. Philosophen Leben und Schriften, mit bes. Rücksicht auf die Gesch. d. griech. Wissenschaft unter den Arabern. St. Petersburg 1869. Mém. de St. Pétersb. (7) XIII. — R. Wolf, Gesch. d. Astr. S. 197 f. — A. Heller, Gesch. d. Physik. I, 129, 165, 167.

926. **Odo von Cluny.** (Tours 879 — Cluny 942 od. 943.) Lebte zuerst im Kloster St. Martin in Tours, dann bei

Remigius in Paris, später in der Cisterzienser Abtei Baume
und wurde 937 Abt von Cluny. Dialogus de musica arte.
Liber Occupationum. Rechnen auf dem Abacus.

> Lit. Scriptores ecclesiastici de musica, herausg. d. Abt
> Martin Gerbert von St. Blasien. St. Blasien, 1784. — S. Günther,
> Geschichte des mathematischen Unterrichts im deutschen Mittel-
> alter. Mon. Germ. Päd. III. Berlin 1887. — M. Cantor, Vorles.
> ü. Gesch. d. Math. I, 724 f.

933. **Almansore.** Arabischer Astronom, in Spanien geboren.
Schrieb ein astronomisches Werk in 150 Paragraphen für
den König der Sarazenen, das Plato von Tivoli übersetzte,
und Astrologisches.

> Lit. Almansoris Astrologi Propositiones, ad Saracenorum
> Regem, in: Speculum astrologiae, universam mathematicam scien-
> tiam, in certas classes digestam complectens. Autore Francisco
> Junctino florentino, etc. I. Lugd. 1583, 843—847.

938. Die Geodäsie des **Heron des Jüngeren** von Byzanz, eine
Nachbildung des Heron von Alexandrien. 1572 von Baro-
cius ins Lateinische übersetzt.

> Lit. Géodésie de Héron de Byzance éd. Vincent. Not. et
> extr. des manusc. de la bibl. imp. Paris 1858. XIX, 2 p. —
> M. Cantor, Vorles. ü. Gesch. d. Math. I, 429.

955. **Al-Sufi,** Abd-Al Rahman. (Rai in Teheran 903, 7. Dez. —
Bagdad 986, 25. Mai.) Astronom, lange am Hofe zu Bagdad.
Revidierte die griechischen Sternverzeichnisse. Schrieb einen
Traktat über die Projektion der Lichtstrahlen.

> Lit. R. Wolf, Gesch. d. Astr. S. 194 f. — Sein Stern-
> verzeichnis wurde von Schjellerup u. d. T. „Description des
> étoiles fixes", St. Pétersburg, 1874 herausgegeben.

961—976. **Hakem II.** Beruft an die von ihm gegründete Akademie zu **Cordova** bedeutende Gelehrte und legt für die
von ihm gestiftete Bibliothek einen 44 Bände umfassenden
Katalog an. Gründet mehrere gelehrte Schulen.

> Lit. R. Wolf, Geschichte der Astronomie. S. 61 f. —
> M. Cantor, Vorles. ü. Gesch. d. Math. I, 677.

970. **Alchodschandi,** Abu Mohammed. (Aus Chodschanda in
Khorasan; lebte noch 992.) Arabischer Astronom. Schrieb
über rationale rechtwinklige Dreiecke. Bewies, daß
$x^3 + y^3 = z^3$ in rationalen Zahlen nicht lösbar.

> Lit. M. Cantor, Vorles. ü. Gesch. d. Math. I, 646.

972. **Alsidschzi,** Abu Said Ahmed ben Mohammed ibn Abd-Al-
Dschalib As-Sidschzi, oder Alsindschari. Trisection des

Winkels mittelst eines Kreises und einer gleichseitigen
Hyperbel. Bewegungsgeometrie, d. h. Methode der glei-
tenden Drehung. Über Kegelschnitte und über Durchschnitte
von Kegelschnitten und Kreisen.
> Lit. M. Cantor, Vorles. ü. Gesch. d. Math. I, 644 f.

975. **Almadschrîtî** († 1007), Abû'l Kâsim Maslama ben Ahmed.
Westarabischer Mathematiker. Lehrte zu Cordova. Be-
fronndete Zahlen.
> Lit. M. Cantor, Vorles. ü. Gesch. d. Math. 1, 631 u. 681.

975. Entstehung des wissenschaftlichen **Geheimbundes der auf-
richtigen Brüder** und **treuen Freunde** zu Al-Basra.
Darunter arabische Mathematiker, wie Almukaddasi, Zaid
ibn Rifaa u. a. Sie veröffentlichten gemeinsam die Abhandlungen der lauteren Brüder. Zahlentheoretisches, Flächen-
berechnungon, magische Quadrate.
> Lit. Dieterici, Die Propädeutik der Araber im X. Jahr-
> hundert. Berlin 1865. — Flügel, Über die Abhandlungen der
> anfrichtigen Brüder und treuen Freunde. Zeitschr. d. morgenl.
> Ges. XIII, Leipzig 1859. — M. Cantor, Vorles. ü. Gesch. d.
> Math. I, 633 ff.

975. **Alkuhi**, Waidschan ibn Rustam Abû Sahl. Arabischer Astronom und Mathematiker, der zu Bagdad beobachtete. Lösung
geometrischer Aufgaben, die analytisch behandelt auf Gleichungen von höherem als dem 2ten Grade führen.
Dreiteilung des Winkels.
> Lit. M. Steinschneider, Lettere intorno ad Alcuhi mate-
> matico del medio evo a D. Bald. Boncompagni. Roma 1863. —
> M. Cantor, Vorles. ü. Gesch. d. Math. 1, 642 ff.

975. **As-Sagani**, Ahmed ben Mohammed As-Sagani Abn Hamid
al Usturlabi. (Aus Sagan in Khorasan — † 990.) Astronom
zu Bagdad. Fand einen Satz über Kreissegmente, der mit
der **Trisection des Winkels** zusammenhängt. Verfertigte
astronomische Winkelmefsinstrumente (Astrolabien).
> Lit. M. Cantor, Vorles. ü. Gesch. d. Math. I, 643 f.

975. **Abul Wéfä** oder **Abul Wafa** Albuzdschani. (Bouzdjan
in Persien 940, 10. Juni — Bagdad 998, 1. Juli.) Arabischer Astronom zu Bagdad. 'Almagestum sive systema
astronomicum'. Übersetzte den Diophant und andere griechische Mathematiker. Förderte die Trigonometrie; führte
die umbra versa, d. h. die Tangente, ein und berechnete
Tafeln für tang α, auch solche für sin α von 10 zu 10 Minuten;

wahrscheinlich auch für secans und cosecans. Verfafste eino
Abhandlung über die geometrischen Konstruktionen, worin
Summen und Differenzen mehrerer Quadrate als ein Quadrat
dargestellt werden, und geom. Aufgaben mit nur einer
Zirkelöffnung gelöst werden. Die halbe Seite des gleich-
seitigen Dreiecks gilt als Seite des regelmäfsigen Siebenecks
(indische Regel). Entdeckte wahrscheinlich die dritte
Ungleichheit des Mondes, die sogen. Variation.

Lit. Ibn Khallican, Biographical Lexicon translated from
the Arabic by B. de Slane, III, 320. — M. Cantor, Vorles. ü.
Gesch. d. Math. I, 637 ff. — Fr. Wöpcke, Recherches sur l'histoire
des sciences mathématiques chez les Orientaux, d'après des traités
inédits arabes et persans. 2. art. Analyse et extrait d'un recueil
de constructions géométriques par Aboûl Wafâ. Journ. Asiat. (5)
V, 1855, 218—256; 3. art. Sur une mesure de la circonférence du
cercle, due aux astronomes arabes, et fondée sur un calcul d'Aboûl
Wafâ. ib. (5) XV, 1860, 281—320. — R. Wolf, Gesch. der
Astronomie. S. 68 ff. — Sédillot. Nouv. recherches pour servir
à l'histoire de l'astronomie chez les Orientaux et Notes relatives
à la découverte de la Variation par Aboul-Wéfâ de Bagdad.
Journ. asiatique 1836. Paris 1836 et 1845. C. R. 1836. —
L. Am. Sédillot, Sur les emprunts que nous avons faits à la
science arabe, et en particulier de la détermination de la troisième
inégalité lunaire ou variation par Aboul-Wéfâ de Bagdad, astronome
du Xe siècle. Boncompagni Bull. VIII, 1875, 63—78.

978—983. Sultan Adud ed Daula, Bujide. Förderer der Astronomie.
980. Abbo de Fleury. (Bei Orleans 945 — Fleury 1003,
13. Aug. als Abt des Benedictinerklosters daselbst.) Lehrer
Gerberts. Liber in calculum paschalem. Kommentar zu dem
Rechenbuche des Victorius. Liber de motibus stellarum.

Lit. S. Günther, Geschichte des mathematischen Unterrichts
im deutschen Mittelalter. Berlin 1887, S. 89 ff.

985. Gerbert, Papst Sylvester II. (Auvergne 940 — Rom
1003, 12. Mai.) Lehrte zuerst als Abt zu Bobbio bei Pavia,
ward später Erzbischof zu Rheims und Ravenna und 999
Papst. Brachte wieder das Rechnen auf dem Abacus
(mit den Apices) in Erinnerung: Regula de abaco computi.
De numerorum divisione. (Abacisten, bis 1200, haben die
komplementäre Division, gebrauchen nicht die Null, im Gegensatz zu den Algorithmikern.) Erfand mehrere hydraulische
Maschinen. Ob die sogen. Geometrie Gerberts von ihm
herrührt, ist noch eine offene Frage.

Lit. Karl Werner, Gerbert von Aurillac, die Kirche und
Wissenschaft seiner Zeit. Wien, 1878. — Büdinger, Über Ger-

berts wissenschaftliche und politische Stellung. Marburg 1851. —
Olleris, Oeuvres de Gerbert, préc. de sa biographie, suiv. de notes.
Paris, 1867. — H. Weissenborn, Gerbert. Beiträge zur Kenntnis
der Mathematik des Mittelalters. Berlin, 1888. Dazu M. Cantor's
Recension. Z. f. Math. XXXIII, Hl. Abt. 101—107, 1888. —
S. Günther, Geschichte des mathematischen Unterrichts im Mittelalter. Berlin 1887. — G. Friedlein, Gerbert, die Geometrie des
Boethius und die indischen Ziffern. Erlangen 1861. — G. Friedlein, Gerberts Regeln der Division. Z. f. Math. IX, 145—171,
1864. — Chasles, Explication des traités de l'abacus, et parti-
culièrement du traité de Gerbert. C. R. XVI, 156—173, 218 246,
281—299, 1843. — G. Friedlein, Das Rechnen mit Kolumnen
vor dem 10. Jahrhundert. Z. f. Math. IX, 297 330, 1864.
G. Friedlein, Die Entwickelung des Rechnens mit Kolumnen.
Z. f. Math. X, 241—282, 1865. — Chasles, Développements et
détails historiques sur divers points du système de l'Abacus.
C. R. XVI, 1393—1420, 1843. — Chasles, Recherches des traces
du système de l'Abacus, qui après cette méthode a pris le nom
d'Algorisme. C. R. XVII, 143—154, 1843.

988. Sultan **Scharaf ed Daula**, Bujide, Sohn des Adud ed Daula,
erbaut zu Bagdad eine neue Sternwarte und beruft dorthin
viele Gelehrte, unter denen Abul Wafa, Alkuhi, As-Sagani.

990. **Ibn Yunis**, Ali ben Abdel-Rahman. (Kairo 960—1008,
31. Mai.) Arabischer Astronom. Beobachtete auf der vom
Kalifen Hakim auf dem Berge Mocattam unweit Kairo
erbauten Sternwarte. Vervollkommnete die Beobachtungs-
kunst und die Praxis der Rechnung. 'Hakimitische Tafeln'.

Lit. R. Wolf, Gesch. d. Astr. S. 69 f. — Delisle, Zydj
Hakemy. Notices et extraits des manuscrits de la Bibliothèque
du Roi, VII, 16 ff. — B. d'Herbelot, Bibliothèque orientale ou
Dictionnaire universelle, contenant généralement tout ce qui
regarde la connaissance des peuples de l'Orient. 3 vol. Paris
1697. — Delambre, Histoire de l'astronomie du moyen âge.
Paris 1819, 95—156, Auszug aus dem Texte zu den Hakimitischen
Tafeln. — Caussin, Le livre de la grande table Hakémite.
Notices des manuscrits. VII. Paris, an XII.

995. **Gerbert** errichtet zu Magdeburg eine Sonnenuhr, zu deren
Richtigstellung er Beobachtungen des Polarsternes macht.

1000. **Adelbold.** Benedictiner, später Bischof von Utrecht. 'De
modo inveniendi crassitiem (soliditatem) sphaerae', dem Papst
Gerbert gewidmet. Über Musik.

Lit. M. Cantor, Vorles. ü. Gesch. d. Math. I, 738. —
S. Günther, Gesch. d. math. Unterrichts i. dtsch. Mitt. S. 118 f.

1000. **Alnasawi**, Abul Hasan Ali ibn Ahmed. Aus Nasa in Khorasan. Schrieb ein Rechenbuch in persischer Sprache für
die Finanzbeamten des Bujiden Madschd Addaulah, das er

1030 in arabischer Sprache neu bearbeitete unter dem Titel
'Befriedigender Tractat' (darin auch eine Kubikwurzelausziehung).

Lit. M. Cantor, Vorles. ü. Gesch. d. Math. I, 653 f. —
Fr. Wöpcke, Alnasawi. Journ. asiat. f. 1863, I. Hlbj. S. 496—500.

1000. **Ibn Alhusain**, Abu Dschafar Muhammed. Schrieb über
rationale rechtwinklige Dreiecke.

Lit. M. Cantor, Vorles. ü. Gesch. d. Math. I, 646 ff.

1000. **Alhazen, Ibn Al-Haitam**, Abu Ali Al-Hasan ben Al Hosein
ben Alhaitam. (Bassora 950 — Kairo 1038.) Seine Optik
(Opticae thesaurus Alhazeni Arabis libri VII, ed. Risner,
Basil. 1572) ist das bedeutendste arabische Werk dieser
Art. Darin das nach ihm ben. Problem: „Von 2 gegebenen
Punkten innerhalb eines Kreises nach einem Punkte der
Peripherie 2 Linien zu ziehen, die mit der Tangente in ihrem
Durchschnittspunkte gleiche Winkel bilden." 'Buch von der
Wage der Weisheit', worin die Elementargesetze des freien
Falles. Gleichung $x^5 = a$. Untersucht, ob Planeten und
Fixsterne selbstleuchtend.

Lit. R. Wolf, Geschichte der Astronomie. S. 151 ff. —
A. Heller, Geschichte der Physik. I, S. 167 ff. — M. Cantor,
Vorles. ü. Gesch. d. Mathem. I, 677 ff. — Risner, Opticae thesaurus
Alhazeni Arabis libri VII, nunc primum editi; ejusdem liber de
crepusculis et nubium ascensionibus. Basil. 1572. — E. Narducci,.
Intorno ad una traduzione italiana, fatta nel secolo decimo quarto
del trattato d'ottica d'Alhazen, matematico del secolo undecimo
e ad altri lavori di questo scienziato. Boncompagni Bull. IV,
1—48, 1871. — Fr. Wöpcke, L'Algèbre d'Omar Alkhayâmî,
publiée, traduite et accompagnée d' extraits de manuscrits inédits.
Paris 1851, p. 73 ff. — M. Steinschneider, Notice sur un ouvrage
astronomique inédit d'Ibn Haitham. Boncompagni Bull. XIV, 1881,
721—780, Supplément ib. XVI, 1883, 505—513. — M. Baker,
Alhazen's problem. Its bibliography and an extension of the
problem. Sylvester Amer. J. IV, 327—332, 1882. — E. Wiedemann, Über das Licht der Sterne nach Ibn al Haitham. Wochen-
schrift f. Astr., Meteor. u. Geogr. 1890 Nr. 17. — E. Wiedemann,
Sull' ottica degli Arabi. Boncompagni Bull. XIV, 1881, 219—225.

1010. **Alkarchi**, Abu Bekr Mohammed ben Alhasan. Arabischer
Mathematiker zu Bagdad. Fakhri, Lehrbuch der Algebra,
und Kafi fil Hisab (Buch des Genügenden), ein Lehrbuch
der Arithmetik, vorwiegend nach griechischen Mustern. Darin
die arabische Methode, mit Stammbrüchen zu operieren,
neben der Neunerprobe eine Elferprobe, der Sexagesimal-

calcul, eine astronomische Logistik (Thierkreisrechnung), angenäherte Ausziehung der Quadratwurzel $\left(\sqrt{a} = w + \dfrac{a - w^2}{2w + 1}\right)$,

Rechnung mit Proportionen, Reihen, Σn^3, Inhalt von Flächen (heronische Dreiecksformel), Ptolemäischer Lehrsatz, Körperberechnung inkl. Kegelstumpf, Algebra, Rechnung mit Polynomen, Transformation des sogenannten surdischen Binoms:

$$\sqrt{a} \pm \sqrt{b} = \sqrt{a + b \pm \sqrt{4\,ab}},$$ quadratische Gleichungen, eingekleidete Gleichungen, Lösung unbestimmter Gleichungen 1. u. 2. Grades in rationalen Zahlen.

Lit. M. Cantor, Vorles. ü. Gesch. d. Math. 1, 655 ff. — Fr. Wöpcke, Extrait du Fakhrî, traité d'algèbre. Précédé d'un mémoire sur l'algèbre indéterminée chez les Arabes. Paris 1853. — Kafi fil Hisab. Deutsch von Ad. Hochheim, Halle 1878—80. — E. Lucas, Sur un théorème de l'arithmétique indienne. Boncompagni Bull. IX, 157 - 164, 1875. — Fr. Wöpcke, Passages relatifs à des sommations de séries de cubes extraits de manuscrits arabes inédits et traduits. Rome 1863 et 1864.

1020. **Bernelinus.** Schüler Gerberts, zu Paris. Liber Abaci (Rechnen mit den sog. Apices, Zeichen für 1, 2, . . 9; komplementäre Methode).

Lit. Liber Abaci, Abgedruckt in: Oeuvres de Gerbert, Pape sous le nom de Sylvestre II, etc. par A. Olleris. Paris 1867, 357—400. — M. Cantor, Vorles. ü. Gesch. d. Math. 1, 752 ff.

1025. **Albiruni,** Abul Rihân Mohammed ben Ahmed. Aus Byrun im Industhale. († 1038.) Arabischer Astronom, lange auf Reisen in Indien. Schrieb ein chronologisches Werk „Alâthâr Albâkiga" und ein Buch über Indien und die wissenschaftlichen Leistungen der Inder. Über den indischen Stellungswert der Ziffern. Summierte die geometrische Reihe (die Weizenkörner auf dem Schachbrett). Löste die Trisektion des Winkels mittelst der Conchoide. Behandelte die Verdoppelung des Würfels. Förderte die sphärische Trigonometrie. Machte genaue geographische Ortsbestimmungen. Einteilung der Stunde in 60 Minuten.

Lit. E. Sachau, Al-Bîrûnî. An account of the religion, philosophy, literature, chronology, astronomy, customs, law and astrology of India about A. D. 1030. London, 1887. — B. Boncompagni, Intorno all' opera d'Albirûni sull' India. Boncompagni Bull. II, 153—206, 1869. — Gildemeister, Scriptorum Arabum de rebus indicis loci et opuscula. Bonnae 1838. — Ed. Sachau, Algebraisches über das Schach bei Birûnî. Z. d. deutsch. morgenl. Ges. XXIX, 1876. — S. Günther, Mathematisch-historische Mis-

cellen. Z. f. Math. XXI. III. Abt. 57—64, 1876. — M. Cantor,
Vorles. ü. Gesch. d. Math. I, 609, 650 u. f. — G. Bilfinger,
Die babylonische Doppelstunde; eine chronologische Untersuchung.
Stuttgart, 1888.

1025. Avicenna, Abu Ali Hosein ben Sina. (Charmatin bei
Bochara 978 — Hamadan in Persien 1036, als Vezir des
Emir.) Arabischer Arzt und Naturforscher. Lehrte zu
Ispahan Medizin und Philosophie. Bearbeitete mehrere
mathematische und physikalische Schriften des Aristoteles,
die Elemente des Euklid u. a. Schrieb eine Arithmetik
Geometrie, Astronomie und Musik. Seine Zahlentheorie ist
nach griechischem Muster. Neunerprobe bei Potenzerhebungen,
Sätze über kubische Reste. Der „Canon" enthält seine
chemischen und medizinischen Lehren.
> Lit. M. Cantor, Vorles. ü. Gesch. der Math. I, 649 ff. —
> A. Heller, Geschichte der Physik. I, 165 f.

1028. Guido von Arezzo, Aretinus. Mönch in dem Benediktinerkloster zu Pomposa bei Ferrara. Bekannt durch seine Verbesserung der Gesangsmethode und des Notensystems.
Schrieb eine Abhandlung über den Abacus.
> Lit. Kiesewetter, Guido von Arezzo. Leipzig 1840. —
> Bern. Baldi, Vite di matematici italiani, pubbl. da Enr. Nar-
> ducci. Boncompagni Bull. XIX, 1886. Guido Mouaco, p. 590—591.
> — Gerbert, Scriptores ecclesiastici de musica sacra potissimum.
> 3 Bde. St. Blasien u. Ulm 1784.

1040. Franco von Lüttich. Schrieb über den Abacus und
widmete dem Erzbischofe Hermann II. von Köln ein Werk
in 6 Büchern über die Quadratur des Zirkels.
> Lit. Winterberg, Der Tractat Francos von Lüttich: De
> quadratura circuli. Abhandl. z. Gesch. d. Math. IV, 135—190, 1882.

1040. Ali Abenrodano oder Abenrudieni Ibn Ridhwan. † 1068.
Arabischer Astrolog und Arzt. Aus Ägypten. Liber quadri-
partiti Ptolemei, Centiloquium ejusdem, etc. Venetiis 1493.
> Lit. M. Steinschneider, Vite di matematici arabi etc.
> Boncompagni Bull. V, 1872, 467—491.

1043. Hermannus Contractus. (1013—1054, 24. Sept.) Mönch
zu Reichenau. Abhandlung über den Abacus, wodurch das
Kolumnenrechnen sehr verbreitet wurde. Rhytmomachia,
ein Zahlenspiel. 2 Bücher über den Nutzen des Astrolabiums.
> Lit. S. Günther, Geschichte des mathematischen Unter-
> richts im deutschen Mittelalter. Berlin 1887. — M. Cantor,
> Vorl. ü. Gesch. d. Math. I, 758 f. — P. Treutlein, Intorno ad
> alcuni scritti inediti relativi al calcolo dell' abaco. Boncompagni

Bull. X, 1877, 589—647. — G. Friedlein, Die Zahlzeichen und das elementare Rechnen der Griechen und Römer und des christlichen Abendlandes vom 7. bis 13. Jahrhundert. Erlangen 1869. — R. Peiper, Fortolfi Rythmomachia. Z. f. Math. XXV, Suppl. 167 227, 1880. — E. Wappler, Bemerkungen zur Rythmomachie. Z. f. Math. XXXVII. Suppl. 1—17, 1892.

1050. **Abul Dschud,** Muhammed ibn Allait Alschanni. Behandelte sog. Albirunisehe Aufgaben, d. h. geometrische Aufgaben, die mit Hilfe des Kreises und der Geraden allein nicht lösbar sind. Regelmäfsiges Neuneck. Aufzählung von Gleiehungsformen und Zurückführung auf Kegelschnitte.

Lit. A. Favaro, Notizie storico-critiehe sulla costruzione delle equazioni. Modena 1878. — M. Cantor, Vorles. ü. Gesch. d. Math. I, 652 f.

1070. **Wilhelm** (1026—1091). Abt zu Hirschau. Lehrte Astronomie und Mathematik zu Hirsehau. Soll 'Institutiones astronomiae' verfafst und eine Gewichtsuhr erfunden haben.

Lit. R. Wolf, Gesch. d. Astr. S. 136.

1078. **Alchaijami** oder **Omar Alkhayami.** (Nisabur, † 1123.) Astronom am Hofe von Melikschah. Behandelte die Trisektion des Winkels. Führte das Wurzelausziehen auf die Anwendung der Potenz eines Binoms zurüek. Löste in seiner „Algebra" kubische Gleiehungen mit Hilfe der Durchsehnitte zweier Kegelschnitte, behandelte überhaupt zuerst dio Gleiehungen von höherom als dem zweiten Grade systematiseh, indem er sie in Gruppen teilte, doch konnte or dio allgemoinen Gleiehungen vierten Grades selbst nicht geometrisch lösen. Fand die Binomialreiho für ganze positive Exponenten. In seiner Kalonderreform (Gelal-eddin'sche Aera) kehrt er zum persischen Sonnenjahr von 365 Tagen zurüek, schaltet alle vier Jahre ein Schaltjahr oin, nimmt aber naeh dem siebenten Sehaltjahr erst wieder das fünfte Jahr als achtes Sehaltjahr.

Lit. M. Cantor, Vorles. ü. Gesch. d. Math. I, 665 ff. — L'algèbre d'Omar Alkhayâmî, publié, traduite et accompaguée d'extraits de mauuserits inédits, par F. Wöpeke. Paris 1851. — F. Wöpcke, Notiee sur uu mauuscrit Arabe d'un traité d'algèbre par Aboul Fath Omar Beu Ibrahim Alkhayâmî, conteuant la construetiou géométrique des équatious eubiques. Journ. f. Math. XL, 160—172, 1850. — A. Favaro, Notizie storieo-eritiche sulla costrnzioue delle equazioni. Modena 1878.

1080. **Zarkali, Arzachel,** eigentlich Abraham Alzarachel. Arabischer Mathematiker zu Toledo, auch fleifsiger astro-

nomischer Beobachter. Traktat über das Astrolabium, das
er zur Lösung sphärisch-astronomischer Aufgaben anwandte.
Verfaßte die „Tabulae Toledanae", welche zum Teil den alfonsinischen Tafeln zu Grunde gelegt wurden.

> Lit. M. Steinschneider, Études sur Zarkali, astronome
> arabe du XVIe siècle et ses ouvrages. Boncompagni Bull. XIV,
> 171—182, 1881; XVI, 493—504, 1883; XVII, 765—794, 1884;
> XVIII, 343—360, 1885; XX, 1—36, 575—604, 1887. — M. Stein-
> schneider, Vite di matematici arabi etc. Boncompagni Bull.
> V, 1872, 508—524.

1085. **Geber, Dschabir** ben Aflah. Astronom aus Sevilla. „Neun
Bücher Astronomie"; darin die Regel der vier Größen
für das sphärische rechtwinklige Dreieck und andere wichtige
Sätze der sphärischen Trigonometrie.

> Lit. R. Wolf, Geschichte der Astronomie. S. 72 f. —
> M. Cantor, Vorles. ü. Gesch. d. Math. I, 682 ff. — Gebri filii
> Afflah Hispalensis, De astronomia Libri IX, etc. Norimb. 1534.

1092. **Psellus, Michael.** Unbedeutender spätgriechischer Mathematiker. Schrieb über die vier mathematischen Disciplinen:
Arithmetik, Musik, Geometrie und Astronomie.

> Lit. M. Cantor, Vorles. ü. Gesch. d. Math. I, 429 f. —
> Liber de quatuor mathematicis scientiis, Arithmetica, Musica,
> Geometria et Astronomia ed. G. Xylander. Basil. 1556. Com-
> pendium mathematicum etc. Lugd. Bat. 1647.

X. Zeittafel. 1100—1200.

Die Zeit der lateinischen Übersetzungen arabischer Schriften.

1100. **Abulkasis,** eigentlich Chalaf Ebn el Abbas Abul Casan.
(Aus Zahara bei Cordova, daher Alzabaravicus. † 1122
Cordova.) Lehrte zu Cordova Chemie, Medizin und Philo-
sophie. Schrieb das erste ausführliche pharmaceutische
Werk „Servitor".

> Lit. A. Heller, Gesch. d. Physik. I, 167.

1117. Eine **chinesische Naturgeschichte** beschreibt die Abweichung der Magnetnadel.

1120. **Radulph von Laon.** († 1133.) Lehrer an der Klosterschule zu Laon, Nachfolger seines Bruders Anselm von
Laon, des berühmten Theologen. Schrieb über den Abacus,
wo auch Historisches über die Entwickelung der Rechenkunst
sich findet. (Abacista ist der auf dem Abacus Rechnende.)

Lit. M. Cantor, Vorles. ü. Gesch. d. Math. I, 762 ff. —
Alfr. Nagl, Der arithmetische Traktat des Radulph von Laon.
Z. f. Math. XXXIV, Suppl. 85—133, 1890.

1120. **Plato von Tivoli**, oder **Plato Tiburtinus.** Durch seine
Übersetzung der Astronomie des Albattani wurde das Wort
sinus in die Trigonometrie eingeführt. Übersetzte auch die
Sphärik des Theodosius aus dem Arabischen; ferner verschiedene astrologische Schriften.

Lit. B. Boncompagni, Delle versioni fatte da Platone
Tiburtino traduttore del secolo duodecimo. Roma 1851. —
M. Cantor, Vorles. ü. Gesch. d. Math. I, 632 u. 778.

1120. **Atelhart von Bath.** Englischer Mönch, der Kleinasien,
Spanien, Ägypten und Arabien durchwanderte. Lieferte die
erste Übersetzung Euklids aus dem Arabischen ins
Lateinische und schrieb einen Kommentar dazu, worin er
zuerst die Summe der Winkel in sternförmigen Polygonen
bestimmte. Auch übersetzte er die astronomischen Tafeln
Alchwarizmis, schrieb einen Kommentar zur Arithmetik desselben und verfaßte eine Schrift: „Regulae Abaci" Über-
gang von den Abaciston zu den Algorithmikern. Sein
Hauptwerk sind die „Fragen aus der Natur."

Lit. Jourdain, Recherches sur les traductions latines
d'Aristote. Paris 1819, p. 100. — B. Boncompagni, Intorno
ad uno scritto inedito di Adelardo di Bath intitolato „Regulae
Abaci". Boncompagni Bull. XIV, 1—134, 1881. — M. Cantor,
Vorles. ü. Gesch. d. Math. I, 763 u. 777. — H. Weifsenborn,
Die Übersetzung des Euklid aus dem Arabischen in das
Lateinische durch Adelhard von Bath. Nach zwei Handschriften
der königl. Bibliothek in Erfurt. Z. f. Math. XXV, Suppl.
141—166, 1880. — J. L. Heiberg, Beiträge zur Geschichte der
Mathematik im Mittelalter. II. Euklids Elemente im Mittelalter.
Z. f. Math. XXXV, Hl. Abt. 48 58, 81—100, 1890. — S. Günther,
Lo sviluppo storico della teoria dei poligoni stellati nell' anti-
chità e nel medio evo Boncompagni Bull. VI, 313—340, 1873.
S. Günther, Gesch. d. math. Unterrichts im deutschen
Mittelalter. Berlin 1887. S. 69.

1120. **Abraham Bar Chija,** Abraham Judaeus oder Savasorda.
(Barcelona c. 1070 — nach 1136.) Jüdischer Astronom,
in Spanien lebend. Schrieb eine Encyklopädie nach
arabischen Quellen, worin die Arithmetik, Geometrie und
Musik ausführlich abgehandelt wurden, und eine mathematische Geographie.

Lit. M. Steinschneider, Abraham Judaeus-Savasorda.
Z. f. Math. XII, 1—44, 1867.

1121. **Alkhazîni.**   Arabischer Gelehrter.   Sein „Buch von der
Wage der Weisheit" ist das einzige gröfsere arabische Werk
über Mechanik; es enthält auch historische Notizen über
Mechanik.   (Die Wage der·Weisheit diente hauptsächlich
zur Bestimmung des spezifischen Gewichtes.)

1129. In Lilliers, Grafschaft Artois, werden die ersten sog.
artesischen Brunnen gebohrt.

1134. **Gerland.**   Lehrer und Prior im Benediktinerkloster zu
Besançon.   Schrieb einen 'Tractatus de abaco' und einen
Computus, Anleitung zur Osterrechnung.

> Lit. P. Treutlein, Intorno ad alcuni scritti inediti relativi
> al calcolo dell' abaco. Trad. da A. Sparagna, Boncompagni
> Bull. X, 589—595, 595—647, 1877. — B. Boncompagni. Iu-
> torno al tractatus de abaco di Gerlando. ib. 648—656. —
> M. Cantor, Vorles. ü. Gesch. d. Math. I, 769 ff.

1136. **Abraham Ibn Esra**, Abraham Judaeus, Avenare.   (Toledo
zw. 1093 u. 1096 — Rom 1167.)   Hebräischer Mathematiker.   Schrieb über Zahlentheorie, Arithmetik, über die
indische Methode der Vermehrung und Verminderung.   Algebraische Rätselfragen, Schachaufgaben, magische Quadrate,
Kalender und Astrologie.   Übersetzungen aus dem Arabischen.

> Lit. M. Steinschneider, Abraham Ibn Esra (Abraham
> Judaeus, Avenare).   Zur Geschichte der mathematischen Wissen-
> schaften im XII. Jahrhundert. Z. f. Math. XXV, Suppl. 57—128,
> 1880.   Liber augmenti et diminutionis vocatus numeratio divina-
> tionis ex eo quod sapientes Indi posuerunt, quem Abraham com-
> pilavit et secundum librum qui Indorum dictus est composuit. —
> Libri, Histoire des sciences mathématiques en Italie I, 304—371,
> und Schnitzler, Eine Aufgabe aus dem Arabischen des Abraham
> ben Esra. Z. f. Math. IV, 383—389, 1859. — M. Stein-
> schneider, Zur Geschichte der Übersetzungen aus dem Indischen
> ins Arabische und ihres Einflusses auf die arabische Literatur.
> Z. d. deutsch. morgenl. Ges. XXIV, 1869.

1140. **Johannes von Luna**, oder **Johannes von Sevilla.**   (Der Bei-
name Hispalensis ist entstellt aus Hispanensis.)   Spanischer
Jude.   Bearbeitete, bes. auf Veranlassung des Erzbischofs
Raimund von Toledo, arabische, die aristotelische Philosophie
behandelnde Schriften.   Übersetzte arabische mathematische
Schriften ins Lateinische, u. a. eine Arithmetik, 'liber
alghoarismi.'   (Anlehnung an die Inder.   Ausziehung der
Quadratwurzel mit Hilfe von Brüchen, die mit den späteren
Decimalbrüchen übereinstimmen. Quadratische Gleichungen.
Magisches Quadrat.   Keine komplementären Rechnungs-
verfahren.)

Lit. Jourdain, Recherches critiques sur l'âge et l'origine des traductions latines d'Aristote. 2. éd. Paris 1843. — M. Cantor, Vorles. ü. Gesch. d. Math. I, 684—688, 718, 774, 779. — B. Boncompagni, Trattati d'Aritmetica. II. Joannis Hispalensis. Liber Algorismi de pratica aritmetica. Roma 1857.

1144. Rudolph von Brügge zu Toulouse. Übersetzte das Planisphärium des Ptolemäus, nebst den Erläuterungen von Molsem, aus dem Arabischen.

Lit. R. Wolf, Gesch. d. Astr. S. 162. — M. Cantor, Vorles. ü. Gesch. d. Math. I, 779.

1150. Alpetragius, Abu Ishak Nur ed-Din al-Bitrudschi, aus Pedroches. Arabischer Mathematiker und Astronom zu Marokko. Schrieb eine physikalische Theorie der Bewegungen der Himmelskörper in Spiralen. Bei ihm finden sich Nachklänge der Lehren des Eudoxus von den homocentrischen Sphären. Sein astronomisches Werk 'De planetarum motibus' wurde 1217 von Michael Scotus ins Lateinische übersetzt.

Theorica planetarum comprobata, Alpetragii, Arabis, nuperrime ad latinos translata a Calo Calonymos, Hebraeo Neapolitano. Venet. 1531. — M. Steinschneider, Zum Speculum astronomicum des Albertus Magnus, etc. Z. f. Math. XVl, 362—365.

1153. Edrisi, Scherif al Edrisi, Abu Abdallah Mohamed Ben Mohamed. (Ceuta 1099 — zw. 1175 u. 1186.) Studierte zu Cordova, lebte dann am Hofe König Rogers II. von Sizilien. Bedeutender Geograph. Geographia Nubiensis.

Lit. A. Heller, Gesch. d. Physik. I, 171.

1160. Gerhard von Cremona. Gherardo Cremonese. (Aus Cremona, nach andern aus Carmona in Andalusien 1114 — Toledo 1187.) Lebte als Arzt, Mathematiker und Astrolog in Spanien und Italien. Übersetzte viele philosophische, medizinische, astrologische, astronomische und mathematische Werke der Araber ins Lateinische, u. a. auch den arabischen Almagest des Ptolemäus u. Gebers Astronomie, ferner die Elemente Euklids, Euklids Data, die Sphärik des Theodosius, ein Werk des Menelaus, die sog. mittleren Bücher der Araber, den liber trium fratrum, die Algebra des Alchwarizmi, die Toledanischen Tafeln des Zarkali, die astrologischen Schriften des Maschallah. Machte sich verdient um die Verbreitung der arabischen Rechenmethoden, des Algorithmus, der das Rechnen auf dem Abacus allmählich verdrängte.   Die Algorithmiker benutzten das indische Positionssystem mit Anwendung der Null.

Lit. M. Cantor, Vorles. ü. Gesch. d. Math. I, 682—689, 778—779. — B. Boncompagni, Della vita e delle opere di Gherardo Cremonese e di Gherardo da Sabionetta. Roma. Att. d. Acc. d. N. Linc. 1851. — J. L. Heiberg, Beiträge z. Gesch. d. Math. im Mittelalter. Z. f. Math. XXXV, Hl. Abt. 41—58, 81—100, 1890.

1160. **Bhâskâra Âchârya.**   (Geb. 1114.)   Indischer Mathematiker und Astronom.   In der Lîlâvatî und Vîjaganita finden sich die Elemente der Arithmetik und Algebra.   (Betrachtung negativer und irrationaler Gröfsen. $\frac{a}{o} = \infty$. Rationalmachen des Nenners.   Anwendung der Formel

$$\sqrt{a + \sqrt{b}} = \sqrt{\tfrac{1}{2}\left(a + \sqrt{a^2 - b}\right)} + \sqrt{\tfrac{1}{2}\left(a - \sqrt{a^2 - b}\right)}.$$

Arithmetische Reihen. Σn^2 und Σn^3.   Permutationen und Kombinationen.   Geometrische Reihe.   Figurierte Zahlen. Zahlentheoretisches, quadratische und kubische Reste, rechtwinklige Dreiecke mit rationalen Seiten.   Eingekleidete Gleichungen 1. und 2. Grades.   Letztere werden allgemein auf die Form $(2ax + b)^2 = 4ac + b^2$ gebracht.   Reduktion von einzelnen Gleichungen 3. und 4. Grades auf quadratische. Unbestimmte Gleichungen 1. Grades mit zwei und mehreren Unbekannten.   Rechnerisch-konstruktive Methode zur Lösung der Gleichung $xy + ax + by = c$.   Algebraische Geometrie ohne geometrische Beweise. $\pi = \frac{22}{7}$ oder $\frac{62832}{20000}$ oder $\frac{754}{240}$.)

Lit. M. Cantor, Vorles. ü. Gesch. d. Math. I, 556 ff. — Baschara Acharija, Lilawati, or a treatise on arithmetic and geometry. Transl. by John Taylor. Bombay 1816. — H. Th. Colebrooke, Algebra with arithmetic and mensuration, from the Sanscrit of Brahmegupta and Bhâskara, translated. London 1817. — Brockhans, Über die Algebra des Bhâskara. Ber. d. Sächs. Ges. Phil.-hist. Kl. 1852, p. 19 ff. — H. Hankel, Zur Geschichte der Mathematik in Altertum und Mittelalter. Leipzig 1874. Mathematik der Inder, S. 172—222. — Wöpcke, Passages relatifs à des sommes des séries des cubes. Tortolini Ann. di Mat. V, VI u. Liouville J. 1864, 1865. — Ed. Lucas, Sur un théorème de l'arithmétique indienne. Boncompagni Bull. IX, 1876, 157—162. — A. Favaro, Notizie storico-critiche sulla costruzione delle equazioni. Modena 1878.

1170. **Maimonides,** Rabbi Moses ben Maimun.   (Cordova 1135, 30. März — Alt-Kairo 1204, 13. Dez.)   Schrieb über die Bewegung der 8. Sphäre, der Sphäre der Fixsterne, und Astrologisches.

Lit. B. Zuckermann, Das Mathematische im Talmud. Beleuchtung und Erläuterung der Talmudstellen mathematischen Inhalts. Breslau 1878. — Steinschneider, Jüdische Litteratur. Ersch u. Gruber, Encyklopädie.

1170. **Averrhoes**, Ibn Roschd. (Cordova 1126 — Marokko 1198, 12. Dez.) Arzt. Eifriger Verehrer des Aristoteles. Kommentar zum Aristoteles, Auszug aus dem Almagest des Ptolemäus.

Lit. R. Wolf, Gesch. d. Astr. S. 177.

1185. **Daniel von Morley**, auch Merlacus genannt. Studierte in Oxford, Paris und Toledo. Lehrte Mathematik in Oxford. Übersetzer. „De inferiore et de superiore parte mundi." „Principia mathematica."

Lit. M. Cantor, Vorles. ü Gesch. d. Math. II, 89. — H. Suter, Die Mathematik auf den Universitäten des Mittelalters. Festschr. Kantonsch. Zürich 1887, S. 61.

1199. **El Buni**. (Geb. zu Bona, † 1228.) Arabischer Mystiker. Behandelte die Zahlenmystik, magische Quadrate und ähnliches.

Lit. M. Cantor, Vorles. ü. Gesch. d. Math. I, 636.

XI. Zeittafel. 1200—1350.

Das Wiedererwachen der Wissenschaften in Europa.

1202. **Leonardo Pisano**, Fibonacci (filius Bonacij). (Pisa 1180—1250.) Sammelte auf Reisen in Ägypten, Syrien, Griechenland, Sizilien u. a. arithmetische Kenntnisse und studierte die Schriften der Inder, Pythagoräer, Euklids u. a. Das Resultat seiner Forschungen war der 'Liber Abaci', welcher das Wissen der Araber nach dem christlichen Occident verpflanzte und die Grundlage für die neuere Wissenschaft wurde. (Vier Spezies mit ganzen und gebrochenen Zahlen, Regeldetri, arithmetische Reihen erster und zweiter Ordnung, Regel vom einfachen falschen Ansatze, regula elchatayn vom doppelten falschen Ansatze, praktisches Rechnen, spezielle unbestimmte Gleichungen, Quadrat- und Kubikwurzelausziehung nach indischem Muster, irrationale Größen, Algebra und Almucabala, geometrische Anwendungen, quadratische Gleichungen nach arabischem Muster, Kettenbrüche.) 'Liber quadratorum.' (Σn^3 für gerade und ungerade n, unbestimmte

Gleichungen, Zahlentheoretisches.) 'Practica geometriae' (metrologische, arithmetische, planimetrische, trigonometrische und stereometrische Aufgaben durcheinander). 'Flos' (Lösung spezieller Gleichungen, auch vom 3. Grade).

Lit. B. Boncompagni, Della vita e delle opere di Leonardo Pisano. 3 vol. Roma 1857—62. — V. A. Le Besgue, Notes sur les opuscules de Léouard de Pise. Boncompagni Bull. IX, 583—594, 1876. — J. Giesing, Leben und Schriften Leouardos da Pisa. Ein Beitrag zur Geschichte der Arithmetik des 13. Jahrhunderts. Döbeln 1886. — Fr. Wöpcke, Recherches sur plusieurs ouvrages de Léouard de Pise découverts et publiés par M. le prince Balthasar Boncompagni, et sur les rapports qui existent entre ces ouvrages et les travaux mathématiques des Arabes. I. Traduction d'un Chapitre des Prolégomèues d'Ibn Khaldoûn, relatif aux sciences mathématiques. Atti dell' Acc. Pontif. de' Nuov. Linc. X, 1856, p. 236—248; II. Traduction du traité d'arithmétique d'Aboûl Haçan Alî Ben Mohammed Alkalçadi. ib. XII, 1859, p. 230—275; III. Traduction d'un fragment anonyme sur la formation des triangles rectangles en nombres entiers, et d'un traité sur le même sujet par Aboû Dja'far Mohammed Ben Alhoçaïn. ib. XIV, 1861, p. 211—227, 241—269, 301—324, 344—356. — Ed. Lucas, Recherches sur plusieurs ouvrages de Léonard de Pise et sur diverses questions d'arithmétique supérieure. Boncompagni Bull. X, 1877, 129—193, 239—293. — M. Cantor, Vorles. ü. Gesch. d. Math. II, 1—48, 1891.

1206. Gründung der **Universität zu Paris**, der späteren Sorbonne.

Lit. Thurot, De l'organisation et de l'enseignement dans l'université de Paris au moyen-âge. Paris-Besançon 1850. — S. Güuther, Geschichte des mathematischen Unterrichts im deutschen Mittelalter. Berlin 1887. — H. Suter, Die Math. auf d. Universitäten d. Mittelalters. Zürich. Festschr. d. Kantonsch. 1887. S. 39—96.

1215. Auf dem Laterankonzil unter **Jnnocenz III.** wird die Physik und die Metaphysik des **Aristoteles** verboten, da sie zur Ketzerei verführen.

1217. **Michael Scotus**, genannt Mathematicus. Studierte in Oxford und Paris, ging dann nach Spanien und kam an den Hof Friedrichs II. als Astrolog. Übersetzte griechische und arabische Werke, u. a. Schriften des Aristoteles und das Buch 'de sphaera' des Alpetragius.

Lit. H. Suter, Die Math. a. d. Univ. d. Mittelalters. Zürich. S. 72.

1220. **Jordanus Nemorarius.** (Deutscher, aus der Mainzer Diöcese, † 1236, 13. Febr., als Ordensgeneral.) Wurde 1222 Ordensmeister der Dominikaner. 'Arithmetica, decem libris demonstrata'. 'Tractatus de numeris datis', (ein System algebraischer Regeln). 'De triangulis'. 'Tractatus de sphaera', ein lange Zeit vielfach aufgelegtes klassisches Buch. (Neue Methoden zur Lösung algebraischer Gleichungen und Gleichungssysteme.)

Lit. S. Günther, Geschichte des mathematischen Unterrichts im deutschen Mittelalter. Berlin 1887 — P. Treutlein, Der Traktat des Jordanus Nemorarius „De numeris datis". Z. f. Math. XXIV. Suppl. 125—166, 1879. Zusatz von M. Curtze, Leopoldina XVI, 1880. — M. Curtze, Kommentar zu dem „Tractatus de Numeris datis" des Jordanus Nemorarius. Z. f. Math. XXXVI, III. Abt. 1—23, 41—63, 81—95, 1891. — M. Curtze, Jordani Nemorarii Geometria vel de triangulis libri IV. Zum ersten Male nach d. Lesart d. Handschr. Db. 86. der königl. öff. Bibl. zu Dresden herausg. Thorn 1887. — M. Cantor, Vorl. ü Gesch. d. Math. II, 49—79.

1221. Gründung der **Hochschule zu Padua**.

Lit. S. Günther, Gesch. d. math. Unt. i. d. Mitt. S. 171. 204. 224 f.

1224. Gründung der **Universität zu Neapel** durch Friedrich II.

1230. **Robert Groathead, Capito.** († 1253.) Studierte in Oxford, war dann in Paris, lehrte später in Oxford und wurde Bischof von Lincoln. Schrieb: Theorica planetarum, de astrolabio, de cometis, de sphaera coelesti, de computo, calendarium, praxis geometriae. Kommentierte den Aristoteles, besonders dessen Physik, sowie Euklids Optik.

Lit. H. Suter, Die Mathematik auf den Universitäten des Mittelalters. Zürich. Festschr. 1887, S. 67—68.

1236. **Eroberung Cordova's**, Verfall der sarazenischen Kultur in Spanien. Kardinal Ximenes zerstört die Bibliothek der Araber durch Feuer.

Lit. A. Heller, Gesch. d. Phys. I, 162.

1240. **Johannes do Sacrobosco.** (Holywood, Halifax, Yorkshire 1200? — Paris 1256.) Prof. math. et astr. in Paris. Kommentare zu arabischen Mathematikern.[1]) Der 'Tractatus de arte numerandi'[2]) enthält Regeln für das praktische Rechnen mit ganzen Zahlen (numeratio, additio, subtractio, mediatio, duplatio, multiplicatio, divisio, progressio, extractio). 'De sphaera mundi', ein Lehrbuch der sphärischen Astronomie, das später vielfach aufgelegt und bearbeitet und vier Jahrhunderte lang dem Unterricht zu Grunde gelegt wurde. Kalenderregeln.[3])

Lit. 1) Vossius, De scientiis mathematicis, 1650. p. 179. — Kästner, Gesch. d. Math. II, 310. — R. Wolf, Gesch. d.

Astr. 208 ff. — M. Cantor, Vorles. ü. Gesch. d. Math. II, 80 ff.
2) In Haliwell, Rara Mathematica. London 1839, 1—26, abgedruckt. — 3) Libellus de anni ratione, seu ut voeatur vulgo
computus ecclesiasticus, dem Libellus de sphaera, Wittenberg
1538, beigegeben — S. Günther, Gesch. d. math. Unt. S. 163 ff.

1240. Alexander von Villedieu, lat. de Villa Dei. Minoriten-
mönch aus der Bretagne. Lehrte zu Paris. Als Astronom und
Rechner berühmt. Schrieb ein 'Doctrinale' (Grammatik) in
Versen. Soll ein Carmen de algorismo verfaſst haben. De
sphaera, de computo ecclesiastico.

Lit. H. Suter, Die Math. a. d. Univ. d. Mittelalters.
Zürich. S. 71. — M. Cantor, Vorles. ü. Gesch. d. Math. II, 82.

1243. Albertus Magnus, Graf Albrecht von Bollstädt. (Lauingen
in Bayern 1193 oder 1205 — Köln 1280, 15. Nov.) Gelehrter Theologe, berühmter Chemiker, Physiker und Mathematiker. Nachdem er in Paris Dialektik, in Padua Mathematik und Medizin und an verschiedenen Orten Metaphysik
studiert, wurde er Provinzial der Dominikaner und 1260
Bischof zu Regensburg, zog sich aber schon 1262 in sein
Kloster zu Köln zurück. Trug viel zur Verbreitung der
Naturwissenschaften im christlichen Abendlande bei.[1]) Viele
physikalische Abhandlungen. Sein 'Speculum astronomicum'[2])
giebt ein Bild der damals verbreiteten Schriften über
Astronomie, Astrologie und Magie.

Lit. 1) Sieghart, Albertus Magnus. Sein Leben und seine
Wissenschaft. Nach den Quellen dargestellt. Regensburg 1857.
— Joel, Verhältnis Alberts des Grofsen zu Maimonides. Breslau
1863. — A. Heller, Geschichte der Physik. I, S. 179 ff. —
S. Günther, Geschichte des mathematischen Unterriehts im
deutschen Mittelalter. Berlin 1887. — G. Freiherr von Hert-
ling, Albertus Magnus. Beiträge zu seiner Würdigung. Köln
1880. — Jos. Baeh, Des Albertus Magnus Verhältnis zu der Er-
kenntnislehre der Griechen, Lateiner, Araber und Juden. Wien
1881. — Opera omnia, ed. Petrus Jammy. 21 vol. fol. Leyden
1651. — 2) M. Steinschneider, Zum Speculum astronomicum
des Albertus Magnus, über die darin angeführten Schriftsteller
und Schriften. Z. f. Math. XIV, 357—396, 1871.

1245. Nassyr Eddin. (Thus in Khorassan 1201, 17. Febr. —
Meragah 1274, 25. Juni.) Arabischer Astronom am Hofe des
Ileku-Chan. Werke über Algebra, Arithmetik und Geometrie.
Kommentar zum Apollonius. Übersetzung der Elemente Euklids
(wohl die letzte arabische). Ilekkhanische Sterntafeln.

Lit. Wurm, Naſsîr Eddin, Zach's mon. Corresp. XXIII,
64—78, 341—361, 1811. — R. Wolf, Gesch. d. Astr. S. 73 f.

1248. Alfons X. von Castilien. (Toledo 1223 — Sevilla 1284, 4. April.) El Sabio, der Weise, beruft jüdische und christliche Gelehrte nach Toledo, um die Grundlagen der Astronomie zu prüfen, astronomische Schriften der Araber zu übersetzen und zu bearbeiten und neue Tafeln herauszugeben, die alfonsinischen Tafeln.

Lit. R Wolf, Geschichte der Astronomie. S. 78 ff, 205 ff. — Libros del saber de astronomia d. Rey D. Alfonso X, copilados, anotados y comentados p. D Manuel Rico y Sinobas. t. I—V Madrid, 1863—67.

1248. Johannes von Basyngstoke. († 1252.) Studierte in Oxford, ging nach Athen, um Griechisch zu lernen, und übersetzte, nach England zurückgekehrt, verschiedenes.

Lit. M. Cantor, Vorles. ü. Gesch. d. Math. II, 45. — H. Suter, Die Math. a. d. Univ. d. Mittelalt. Zürich 1887, S. 71 f.

1248. Guglielmo de Lunis übersetzt eine Algebra aus dem Arabischen ins Italienische.

Lit. Libri, Hist. d. sc. math. en Italie II, 45. — M. Cantor, Vorles. ü. Gesch. d. Math. II, 90.

1249. Gründung der **Universität Oxford.**

Lit. Wood, Historia et antiquitates univ. Oxoniensis. 1674. — H. Suter, Die Mathematik auf den Univers. d. Mittelalters. Festschr. Kantonschule. Zürich 1887, 39—96.

1250. Vincent de Beauvais, Vincentius Bellovacensis. († 1265.) Dominikaner. Schrieb für die Söhne Ludwigs des Heiligen eine Encyklopädie u. d. T. 'Quadruple miroir', worin die Mathematik (Rechnungsarten, Musik, Geometrie und Astronomie) sehr dürftig behandelt wird.

Lit. M. Cantor, Vorles. ü. Gesch. d. Math. II, 84—86.

1250. Abul Hhassan, Ali. Astronom in Marokko. Praktische Astronomie. Sammlung astronomischer Hilfstafeln.

Lit. J. J. Em. Sédillot, Traités des instruments astronomiques des Arabes. 2 vol. Paris 1834—35. — R. Wolf, Gesch. d. Astr. S. 72 f.

1250. Tsin Kiu Tschau (1210—1290), chinesischer Mathematiker. Kommentar zu der unbestimmten Analytik des Yih-Hing. Um 1240 'Su schuh Kiu-tschang', d. i. die neun Kapitel der Zahlenkunst. Um 1290 'Leib tien yuen yih', Algebra der höheren Gleichungen. Darin die Tien yuen-Regel, eine Methode zur näherungsweisen Auflösung der numerischen Gleichungen.

Lit. L. Matthiesen, Grundzüge der ant. u. mod. Algebra

der litt. Gleichungen. Leipzig 1878, S. 964. — Biernatzki, Über
die Arithmetik der Chinesen. Journ. f. Math. LII, 59 ff.

1250.*Yang Hwang, chinesischer Mathematiker. Kommentar zur
Arithmetik der neun Kapitel Tschang-tsang's, 'Tseang kea
kiu-tschang swan fa'.

> Lit. L. Matthiefsen, Grundzüge d. ant. u. mod. Algebra.
> S. 965.

1252. Die **Alfonsinischen Tafeln,** unter Leitung von Al Ragel
und Al Kabitz vollendet.

> Lit. Libros del saber de astronomia d. Rey D. Alfonso X,
> copilados, anotados y comentados p. D. Mauuel Rico y Sinobas.
> Madrid 1863—67. IV.

1254. Die **Universität Paris** verlangt wieder die Kenntnis der
aristotelischen Schriften für die Bewerbung um eine aka-
demische Würde. Bald wurde die ausschliefsliche Verehrung
des Aristoteles ein Hemmnis für die Naturforschung.

1259. Gründung der **Sternwarte in Maraga** (nach der Einnahme
von Bagdad). Sammelplatz zahlreicher Astronomen, die der
Mongole **Hulagu** berief.

> Lit. A. Jourdain, Mém. sur l'observatoire de Méragah.
> Paris 1810.

1260. **Roger Bacon.** (Ilchester, Somersetshire 1214 — Oxford
1294, 11. Juni.) Franciscaner, Prof. math. et astr. in Oxford,
gen. Doctor mirabilis.[1]) Lange wegen Ketzerei und Zauberei
gefangen gehalten. Eifriger Gegner der Scholastik, Begründer
der neueren Naturforschung.[2]) 'Opus majus', eine
Encyklopädie.[3]) Darin wichtige Untersuchungen über Optik
(sphärische Abweichung bei Hohlspiegeln, Brechung an sphärischen Flächen). 'Opus minus'. Vorschläge zur Verbesserung
des julianischen Kalenders. 'Opus tertium'. Matbematisch-
Philosophisches. Perspectiva. Specula mathematica.

> Lit. 1) A. Heller, Geschichte der Physik. I, S. 191 ff. —
> Emile Charles, Roger Bacon, sa vie, ses ouvrages, ses doctrines
> d'après des textes inédits. Paris 1861. — Leonh. Schueider,
> Roger Bacon Ord. min. Augsburg 1873. — R. Wolf, Gesch. d.
> Astr. S. 328 f. — M. Cantor, Vorles. ü. Gesch. d. Math. II, 86 f.
> — 2) De secretis operibus artis et naturae et de uullitate magiae.
> Zuerst gedruckt Paris 1542. — 3) Fratris Rogeri Bacon, Opus
> majus, ed. S. Jebb. London 1733. (De centris gravium. De
> ponderibus. De valore musices. De cosmographia. De situ orbis.
> De arte experimentali. De radiis solaribus. De coloribus per
> artem fiendis. etc.)

1260. **Brunetto Latini.** (Florenz 1220—1295.) Stadtschreiber.

Von 1260—84 in Paris, dann wieder in Florenz. 'Le Trésor
de l'origine et de la nature de toutes choses', eine Encyklopädie, eines der ältesten Dokumente über die Kenntnis
der Europäer vom Kompafs.

Lit. J. Klaproth, Lettre à Mr. le Baron A. de Humboldt
sur l'invention de la Boussole. Paris, 1834. — A. Wittstein,
Julius Klaproth's Schreiben an Alexander von Humboldt über die
Erfindung des Kompasses. Aus d. franz. Original im Auszuge
mitgeteilt. Leipzig 1885.

1266. **Raimundus Lullus.** (Palma auf Mallorca 1234 — Afrika
1315.) Eifriger Gegner des Aristoteles. Versuchte die
Scholastik zu stürzen. Seine Ars magna, Lulli'sche Kunst,
sollte alle Probleme der Wissenschaft nach einer mechanischen
Methode lösen.

Lit. K. Chr. Schmieder, Geschichte der Alchemie. Halle 1832.

1269. **Wilhelm von Moerbecke.** († bald nach 1281.) 1278 Erzbischof von Korinth. Bekannter Übersetzer. Aus seiner Übersetzung kennen wir die Schrift des Archimedes: 'De iis, quae
in humido vehuntur'.

Lit. M. Cantor, Vorles. ü. Gesch. d. Math. II, 88 f. —
Heiberg, Neue Studien zu Archimedes. Z. f. Math. XXXIV,
Suppl. 1889. — V. Rose, Archimedes im Jahre 1269. Deutsche
Lit. Z. V, 210—213, 1884.

1270. **Giovanni Campano,** **Johannes Campanus,** von Novarra.
1261—81 Kaplan des Papstes Urban IV, später Kanonikus
in Paris. Philosoph und Astrolog. Berühmt durch seine Aus-
gabe der Elemente Euklids, einschliefslich des XIV. und
XV. Buches. In seinen Zusätzen lehrt er die Summe der
Winkel im Sternfünfeck berechnen und die Dreiteilung des
Winkels und beweist die Irrationalität des goldenen Schnittes.
Der Winkel zwischen Kreisbogen und Tangente, den er für
kleiner als jeden geradlinigen spitzen Winkel hält, führt ihn
auf die Betrachtung stetiger Gröfsen. Abhandlung über die
Quadratur des Kreises. De computo ecclesiastico, Calendarium,
Tractatus de sphaera, Theoria planetarum.

Lit. M. Cantor, Vorles. ü. Gesch. d. Math. II, 90—95. —
Bern. Baldi, Vite di matematici italiani, pubbl. da Enr. Narducci.
Boncompagni Bull. XIX. 1886, 591—596. — Campanus, Euclidis
Elementa, Basil. 1546. Euclidis Data. Venet. 1485. — J. L. Hei-
berg. Beiträge zur Gesch. d. Math. im Mittelalter. II. Euklid's
Elemente im Mittelalter. Z. f. Math. XXXV, Hl. Abt. 48—58,
81—100, 1890.

1275. **Ibn Albanna,** vollst. Abul Abbas Ahmed ibn Muhammed

ibn Otman Al-Azdi Al-Marrakuschi ibn Albanna Algarnati.
Westarabischer Mathematiker. (Geb. 1252 oder 1257 in
Marokko.) Viele mathematische Schriften. Talchis, Auszug
aus einem Werke 'Der kleine Sattel', das im Magrib, im
afrikanischen Nordwesten, geschrieben wurde. Kommentar
dazu: 'Die Aufhebung des Schleiers'. (Vereinigung von
Kolumnen- und Ziffernrechnen. Σn^2 und Σn^3. Zahlentheoretisches. Näherungsmethode für die Quadratwurzelaus-
ziehung. Methode des doppelten falschen Ansatzes mit Hilfe
der Wagschalen).

Lid. Aristide Marre, Biographie d'Ibn Albannâ. Atti
dell' Acad. Pont. de Nuovi Lincei. XIX, 1865. — Steinschneider,
Rectification de quelques erreurs etc. Bull. Boncompagni X, 1877,
313—314. — Le Talkhys d'Ibn Albannâ publié et traduit par
Aristide Marre. Rome, 1865 (aus d. Atti d. Ac. Pont. d. Nuov.
Linc. XVII, 5. Juni 1864). — Fr. Wöpcke, Passages relatifs à
des sommations des séries de cubes extraits de manuscrits arabes
inédits et traduits. Rome 1863 et 1864. — L. Rodet, Sur les
méthodes d'approximation chez les anciens. Bull. Soc. math. de
France. VII, 159—167, 1879. — A. Favaro, Notizie storico-critiche
sulla costruzione delle equazioni. Modena 1878.

1275. Ältester **Algorismus in französischer Sprache.**

Lit. Ch. Henry, Sur les deux plus anciens traités français
d'algorisme et de géométrie. Boncompagni Bull. XV, 1882, 49—52.
Traité d'algorisme et de géométrie ib. 53—70.

1279. Johannes Peckham, Pisanus, auch Johannes Londinensis
genannt. (Sussex c. 1230—1292). Schüler Bacon's, später
Bischof von Canterbury. Schrieb eine Perspektive, die
lange Zeit Leitfaden für Universitätsvorlesungen war.

Lit. Kästner, Gesch. d. Math. II, 264—274. — M. Cantor,
Vorles. ü. Gesch. d. Math. II, 88. — H. Suter, Die Math. a. d.
Univ. d. Mittelalters. Festschr. Zürich 1887, 70—71. — A. Heller,
Gesch. d. Physik. I, 207. — S. Günther, Gesch. d. math. Unt.
S. 164 ff.

1285. Erfindung der Brillen. Wahrscheinlich durch Salvino
degli Armati († 1317 zu Florenz).

Lit. J. Priestley, History and present state of discoveries
relating to vision, light and colours. 2 vol. London 1772; deutsch
von G. S. Klügel, Leipzig, 1775.

1296. Manuel Moschopulos. Byzantiner. Anleitung zur Bildung
magischer Quadrate.

Lit. S. Günther, Vermischte Untersuchungen zur Geschichte
der mathematischen Wissenschaften. Leipzig 1876. Kap. IV.
Historische Studien über die magischen Quadrate. — P. Tannery,

Le traité do Manuel Moschopoulos sur les carrés magiques. Ann. d. l'assoc. pour l'encourag. d. ét. gr. Paris 1886, 88 ff. — P. Tannery, Manuel Moschopoulos et Nicolas Rhabdas. Darboux Bull. (2) VIII, 263—277, 1884.

1297. **Bartolomeo da Parma.** Lehrte 1297 zu Bologna Mathematik. Einer der bedeutendsten Gelehrten seiner Zeit. 'Tractatus sphaerae', ein klassisches Lehrbuch. Geometrisches. Astrologisches. Vielleicht ist das dem Boethius bisher zugeschriebene Buch über Philosophie von Bartolomeo.

> Lit. E. Narducci, Intorno al „Tractatus Sphaerae" di Bartolomeo da Parma astronomo del secolo XIII e ad altri scritti del medesimo autore. — Tractatus Sphaerae di Bartolomeo da Parma. Parti prima e seconda. Boncompagni Bull. XVII, 1—42; 43—120, 165—218, 1884.

1299. **Witelo, Vitellius.** Wahrscheinlich aus Thüringen. Lehte als Mönch in Italien. 'Opticae libri IV' (Verbesserung der Theorie des Regenbogens). 'Perspectiva'.

> Lit. M. Curtze, Sur l'orthographe du nom et sur la patrie de Witelo (Vitellion). Boncompagni Bull. IV, 49—77, 1871. — B. Boncompagni, Intorno ad un manuscritto dell' ottica di Vitellione citato da Fra Luca Pacioli. Ibid. 78—81 — A. Heller, Geschichte der Physik. 1, S. 206 f. — M. Cantor, Vorles. ü. Gesch. d. Math. II, 88 f. — Poudra, Histoire de la perspective. 1864, p. 34.

1300. **Lo Yay Jin King,** chinesischer Mathematiker. Schrieb eine Algebra, 'Tsih yuen ha king'. Darin wird die Tien yuon-Kogel auf die Auflösung von Gleichungen angewendet.

> Lit. L. Matthiefsen, Grundzüge d. ant. u. mod. Algebra der litt. Gleichungen. Leipzig 1878. S 965.

1300. **Alexander von Spina.** († 1313.) Predigermönch zu Pisa. Verfertigte Gläser zu Brillen und Fernröhren.

> Lit. R. Wolf, Gesch. d. Astr. S. 357.

1300. **Prophatius,** eigentl. Jacob ben Machir. († c. 1308.) Übersetzte aus dem Arabischen die Elemente Euklids, die Sphärik des Menelaus u. a. 'Ewiger Almanach', astronomisches Tabellenwerk. Beschrieb einen von ihm erfundenen Quadranten.

> Lit. M. Steinschneider, Prophatii Judaei Montepessulani Massiliensis (a. 1300) prooemium in almanach adhuc ineditum, etc. Boncompagni Bull. IX, 595—613, 1876. — M. Steinschneider, Über das Wort Almanach. Bibliotth. Math. (2) II, 13—16, 1888.

1300. **Cecco d'Ascoli,** Francesco degli Stabili. (Ascoli in der Romagna 1257 — Florenz 1327, 15. Sept.) Prof. philos. et astrol. zu Bologna. 'Acerba vita', eine Encyklopädie. Kommentar zur Sphaera des Sacrobosco.

Lit. S. Gherardi, Einige Beiträge zur Geschichte der mathematischen Facultät der alten Universität Bologna. Deutsch von M. Curtze. Arch. f. Math. LII, 65—204, auch Berlin, 1871. — Commentarius in Sphaeram Joannis de Sacrobosco. Basil. 1485.

1302. Die **Magnetnadel** als **Kompafs** verbreitet von Flavio Gioja oder Giri von Amalfi. Den Chinesen war der Gebrauch der Magnetnadel als Kompafs schon wenigstens 1200 Jahre früher bekannt; nach Albertus Magnus kannten auch die Araber den Kompafs.

Lit. A. Heller, Geschichte der Physik 1, S. 208 f. — J. Klaproth, Lettre à Mr. le Baron A. de Humboldt sur l'invention de la Boussole. Paris, 1834. — Th. Henri Martin, Observations et théories des Anciens sur les attractions et les répulsions magnétiques et sur les attractions électriques. Atti d. Ac. Pont. de' Nuovi Lincei, 3. Dez. 1864 u. 8. Jan. 1865.

1307. **Theodorich de Vriberg**, Theodoricus, Magister Teutonicus. Predigermönch, 1307—1311 Prior provincialis der Ordensprovinz Sachsen, Dr. theol. in Paris. Schrift über den **Regenbogen** (Gang der Lichtstrahlen im Haupt- und Nebenbogen richtig angegeben).

Lit. A. Heller, Gesch. d. Physik 1, 207. — De radialibus impressionibus, veröff. durch G. B. Venturi, Commentari sopra la storia e le teorie dell' Ottica. I. Bologna 1814.

1310. **Andalò di Negro.** (Genua c. 1260 — c. 1340.) 1314 Gesandter bei Kaiser Alexis Comnenus von Trapezunt. Mathematiker und Astronom. Mehrere Schriften über Theorie und Praxis des Astrolabiums. Theorica planetarum. Tractatus sphaerae. Astrologisches. Citiert wird auch eine praktische Arithmetik von ihm.

Lit. C. de Simony, Intorno alla vita ed ai lavori di Andalò di Negro, matematico ed astronomo genovese del secolo decimoquarto e d'altri matematici e cosmografi genovesi. Boncompagni Bull. VII, 313—338, 1874. — B. Boncompagni, Catalogo de' lavori di Andalò di Negro. ib. 339—376.

1320. **Dante Alighieri.** (Florenz 1265 — Ravenna 1321.) Seine 'Divina Commedia' ist für die astronomischen Anschauungen der damaligen Zeit von Wichtigkeit.

Lit. S. Günther, Studien zur Geschichte der mathematischen und physikalischen Geographie. Heft I u. II, Halle 1877, Heft III: Ältere und neuere Hypothesen über die chronische Versetzung des Erdschwerpunkts durch Wassermassen. Halle, 1878. — R. Wolf, Gesch. d. Astr. S. 81.

1320. **Hauk Erlendssön**, aus Norwegen, richterlicher Beamter. Schrieb einen Algorismus nach dem Muster desjenigen von

Sacrobosco, (darin Beziehungen der vier Elemente zu den Zahlen 8, 12, 18, 27).

Lit. Eneström, Bibl. math. 1885, 199. — S. Günther, Gesch. d. math. Unterr. i. dtsch. Mittelalt., 169- 171. — M. Cantor, Vorles. ü. Gesch. d. Math. II, 115.

1322. **Johannes de Lineriis** (de Lignères). Prof. math. zu Paris. Bearbeitete die alfonsinischen Tafeln für den Meridian von Paris. 'Tabula sinus'. Ob er identisch mit Johannes de Liveriis, von dem ein Buch über Brüche 1483 gedruckt wurde, ist zweifelhaft.

Lit. M. Steinschneider, Intoruo a Johannes de Lineriis (de Liveriis) e Johannes Siculus. Boncompagni Bull. XII, 345—351, 1879. — B. Boncompagni, Intorno alle vite inedite di tre matematici (Giovanni Danck di Sassonia, Giovanni de Lineriis e Fra Luca Paciuoli da Borgo San Sepolcro) scritte da Bernardino Baldi. Boncompagni Bull. XII, 1879, 352—419. Vite inedite di tre matematici etc. ib. 420—427. — M. Cantor, Vorles. ü. Gesch. d. Math. II, 115.

1322. **Griechische** Bearbeitung eines persischen astronomischen Werkes des **Schamsaldin von Bukhara.**

1325. **Levi bon Gorson,** Leo Ehraeus, auch Leo de Balneolis. († 1344, 20. April.) Lehrbuch der Astronomie. 'De numeris harmonicis'. Erfand den Jakobsstah.

Lit. M. Steinschneider, Levi ben Gerson. Ersch u. Gruber, Encyklopädie. XLIII, 295 ff. u. Hebr. Bibliographie IX, 1869. — M. Steinschneider, Miscellen zur Geschichte der Mathematik. 5. Levi ben Gerson und der Baculus Jacobi. Bibliot. math. (2) IV, 1890, 107. — S. Günther, Die erste Anwendung des Jakobsstabes zu geographischen Ortsbestimmungen. Bibl. math. (2) IV, 1890, 73—80.

1325. **Bernard Barlaam.** (Seminara in Calabrien c. 1290 — Neapel 1348.) Bischof von Geraci. 'Libri V logisticae astronomicae' (Praktische Arithmetik, Sexagesimalrechnung).

Lit. Bern. Baldi, Vite di matematici italiaui, pubbl. da Eur. Narducci. Boncompagni Bull. XIX, 1886, 598–600.

1326. **Richard von Wallingford.** Lehrer der freien Künste und der Philosophie zu Oxford. Schrieb De sinibus demonstrativis, De chorda et arcu, De chorda et versa.

Lit. M. Cantor, Vorles. ü. Gesch. d. Math. II, 100. — Montucla, Hist. d. math. 2. éd. Paris. I, 529.

1326. **Petrus de Dacia.** Dänischer Mathematiker, Canonicus zu Ribe in Jütland, 1326—27 Rektor der Universität Paris. Lebte noch 1347. Commentum super Algorismum prosaicum

Johannis de Sacro Bosco. Tabula ad inveniendum propositiones
cujusvis numeri. 'Computus ecclesiasticus', Calendarium. Vielleicht stammt die sog. 'Geometria speculativa' Bradwardins
von Petrus.

Lit. G. Eneström, Anteckningar om matematikern Petrus
de Dacia och haus skrifter. I, II, III Stockh. Öfv. XLII. 1885 u.
1886. — S. Günther, Gesch. d. math. Unterr. a. d. Univ. d. Mitt.
S. 167. — H. Suter, Die Math. a. d. Univ. d. Mitt. S. 43. — M. Cantor, Vorles. ü. Gesch. d. Math. II, 114—115.

1330. **Johannes Saxoniensis,** cogn. Danck. Philosoph und Astrolog,
zu Paris. Verschiedene astronomische Schriften. De Astrolabio. Kanon zu den Alfonsinischen Tafeln.

Lit. B. Boncompagui, Intorno alle vite inedite di tre mate-
matici (Giovanni Danck di Sassonia, Giovanni de Lineriis e Fra
Luca Pacinoli da Borgo San Sepolcro) scritte da Bernardino Baldi.
Boncompagni Bull. XII, 1879, 352—419. Vite inedite di tre mate-
matici etc. ib. 420—427. — Canones in tabulas astronomicas
Alfonsi. Augsburg 1488.

1330. **Paolo Dagomari, dall' Abaco.** (Prato in Toscana, c. 1281
— Florenz 1366 oder 1374.) Mathematiker und Astronom,
wegen seiner Kenntnisse in der Arithmetik dall' Abaco
oder il Geometra genannt. Schrieb aufser mehreren
mathematischen Werken den ersten italienischen Almanach,
Taccuino genannt. Regoluzze di Maestro Paolo dall' Abaco.

Lit. Libri, Histoire des sciences mathématiques en Italie.
II, 205 u. III, 296—301. — Frizzo, Le Regoluzze di Maestro
Paolo dall' Abbaco. Verona 1885. — M. Cantor, Vorles. ü. Gesch.
d. Math. II, 150—151.

1330. **Maximus Planudes.** (Aus Nikomedien.) Griechischer Mathematiker zu Byzanz. Mönch, 1327 als Gesandter des byzan-
tinischen Kaiserreiches in Venedig. Lebte noch 1352. Kommentar zu den ersten Büchern des Diophant. Auszug aus
den arithmetischen Epigrammen der griechischen Anthologie (s. 350 n. Chr.). ψηφοφορία κατ' Ἰνδους, ein
Rechenbuch (indisches Zifferrechnen).

Lit. Das Rechenbuch des Maximus Planudes. Griech.
Textausgabe von C. J. Gerhardt. Halle 1865. Deutsche Übersetzung von H. Wäschke. Halle 1878.

1330. **Johannes Pediasimus,** auch **Galenus** genannt. Siegel-
bewahrer des Patriarchen von Konstantinopel. Σύνοψις περὶ
μετρήσεως καὶ μερισμοῦ γῆς, eine Geometrie, nach dem Muster
Herons von Alexandria. Über Verdoppelung des Würfels.

Lit. Die Geometrie des Pediasimus, griech. Text, herausg.
v. G. Friedlein. Pr. Ansbach 1866 — G. Friedlein, Annotationes
ad historiam spectantes. I. Pauca de Johannis Pediasimi geometria
annotanda. Boncompagni Bull. III, 303—304, 1870.

1330. **Thomas de Bradwardina,** Bradwardinus, eigentl. Bred-
wardin. (Hardfield b. Chichester 1290 — Lambeth 1349,
26. Aug.) Prof. theol. zu Oxford, dann Kanzler an der Pauls-
kirche zu London, zuletzt Erzbischof von Canterbury. Tractatus de proportionibus velocitatum. Arithmetica speculativa. 'Geometria speculativa'. (Sternvielecke, isoperimetrische
Figuren, irrationale Gröfsen, Stereometrie.) Tractatus de
Continuo.

Lit. M. Cantor, Vorles. ü. Gesch. d. Math. II, 102—111. —
M. Curtze, Über die Handschrift R. 4". 2. Problematum Euclidis
explicatio. der Königl. Gymnasialbibliothek zu Thorn. Z. f. Math.
XIII, Suppl. 45—104, 1868.

1340. **Nicolaus Rhabdas, cogn. Artabasdes.** Aus Smyrna.
Griechischer Mathematiker. Briefe über Arithmetik (darin
die Bezeichnung politische Arithmetik). ἔκφρασις τοῦ
δακτυλικοῦ μέτρου, die einzige ausführliche Darstellung der
Fingerrechnung in griechischer Sprache. Osterrechnung
auf das Jahr 1341.

Lit. P. Tannery, Notice sur les deux lettres arithmétiques
de Nicolas Rhabdas; texte grec et traduction. Paris 1886. Extrait des Notices et extraits des manuscrits de la Bibliothèque
Nationale etc. T. XXXII, 1. Partie. — M. Cantor, Vorles. ü.
Gesch. d. Math. 1, 435 f. — Nicolai Canssini de eloquentia
sacra et humana libri XVI. Lib. IX, cap. VIII. Köln 1681.

1340. **Jean de Meurs,** de Muris. (Normandie c. 1310 — nach
1360.) Canonicus zu Paris. Tractatus de sole et luna et
corporibus coelestibus, cum tabulis astronomicis 400 an-
norum. Arithmetica communis ex Boethii Arithmetica com-
pendiose excerpta. Arithmeticae speculativae libri II. Speculum musicae (die Notenschrift durch Hinzufügen der
Längenzeichen vervollkommnet). Quadripartitum rimatum
(darin u. a. das Rechnen mit ganzen Zahlen und vom
Rechenbrett). Vorschläge zur Kalenderreform.

Lit. M. Cantor, Vorles. ü. Gesch. d. Math. II, 112—114. —
S. Günther, Gesch. d. math. Unterr. im d. Mittelalter. S. 183.
— Alfr. Nagl, Das Quadripartitum des Joannes de Muris und
das praktische Rechnen im 14. Jahrhundert. Z. f. Math. XXXIV,
Suppl. 135—146, 1889.

1340. Johannes Maudith. Lehrte zu Oxford. Schrieb De chorda recta et umbra.

> Lit. M. Cantor, Vorles. ü. Gesch. d. Math. II, 101.

1345. Richard Suicet, oder **Suifset** oder **Swinshed.** Cisterziensermönch zu Vinshed auf Holy Island (Northumberland). Schrieb in dem Werke „Calculator" über die Linie der Zu- und Abnahme der Formen (latitudines formarum).

> Lit. H. Suter, Die Math. a. d. Univ. d. Mittelalters. S. 47. — M. Cantor, Vorles. ü. Gesch. d. Math. II, 111.

1346. Blüte der persisch-griechischen Astronomie. Chioniades von Konstantinopel, Georgios Chrysococces, Nicolaus Kabasilas, Theodorus Meliteniota, Isaak Argyrus u. a.

> Lit. Herm. Usener, Ad historiam astronomiae symbola. Pr. Bonn. 1876. — M. Cantor, Vorles. ü. Gesch. d. Math. I, 431.

1348. Die erste deutsche **Universität zu Prag** durch Karl IV. nach dem Muster der Pariser Sorbonne gegründet.

> Lit. Denifle, Die Universitäten des Mittelalters bis 1440. I. Bd. Berlin 1885. — H. Suter, die Math. a. d. Univ. d. Mittelalters. Zürich. Festschrift 1887. S. 75.

XII. Zeittafel. 1350—1500.

Der Aufschwung der Mathematik und Astronomie in Deutschland.

1350. Konrad von Megenberg. (Regensburg c. 1309 — c. 1374.) „Die deutsche Sphära", eine freie Bearbeitung der Sphaera mundi des Sacrobosco. „Buch der Natur", eine naturwissenschaftliche Encyklopädie.

> Lit. J. A. Schmeller, Bemerkungen über Chunrad von Megenberg, Domherr zu Regensburg im XIV. Jahrhundert, und über den damaligen Stand der Naturkunde im deutschen Volke. Jahresb. d. bayer. Ak. d. Wiss. III, 41 ff. — Fr. Pfeiffer, Das Buch der Natur von Konrad von Megenberg. Die erste Naturgeschichte in deutscher Sprache. Stuttgart 1861.

1350. Die Idee der Lebensversicherung entsteht durch die Reise- und Unfallversicherung der See-Assekuranzkammern und durch die im Mittelalter von Seiten der Gilden geleisteten gegenseitigen Unterstützungen bei Unglücksfällen.

> Lit. W. Karup, Theoretisches Handbuch der Lebensversicherung. Leipzig 1871.

1360. Nicole Oresme. (Normandie c. 1320 — Lisieux 1382.)
Schützling Karls V., der ihn zum Bischof von Lisieux
machte. 'Tractatus proportionum'. 'Algorithmus proportionum'
(darin Rechnung mit Potenzen mit gebrochenen Exponenten).
'Tractatus de latitudinibus formarum'. 'Tractatus de uniformi-
tate et difformitate intensionum' (Anfänge der Coordinaten-
Geometrie). 'Traité de la sphère'. Übersetzte Aristoteles, De
Coelo et mundo. Commentar zur aristotelischen Meteorologie.

Lit. M. Curtze, Die mathematischen Schriften des Nicole
Oresme. Berlin 1870. — M. Curtze, Über die Handschrift
R. 4° 2, Problematum Euclidis explicatio der Königl. Gymnasial-
bibliothek zu Thorn. Z. f. Math. XIII, Suppl. 45—104, 1868. —
M. Curtze, Der Algorithmus proportionum des Nicole Oresme.
Berlin 1868. — M. Cantor, Vorles. ü. Gesch. d. Math. II,
116—125. — S. Günther, Die Anfänge und Entwickelungs-
stadien des Coordinatenprincips. Abh. d. naturf. Ges. zu Nürn-
berg VI, 1877, ital. Boncompagni Bull. X, 363—406, 1877. —
H. Suter, Eine bis jetzt unbekannte Schrift des Nic. Oresme.
Z. f. Math. XXVII, Hl. Abt. 121—125, 1882.

1364. Einführung der Turmuhren. Räderuhr mit Schlagwerk
auf dem Parlamentshause in Paris von Heinrich von Wyk.
Italienische Räderuhren aus dem 13. Jahrhundert zeigten
die Stunden 1 bis 24; die Einteilung in 12 Stunden wurde
erst im 16. Jahrhundert allgemeiner.

Lit. R. Wolf, Geschichte der Astronomie. S. 136 ff.

1365. Gründung der Universitäten Wien und Krakau.
Lit. Aschbach, Geschichte der Wiener Universität im
ersten Jahrhundert ihres Bestehens. Wien 1865. — H. Suter,
Die Mathematik auf den Universitäten des Mittelalters. Pr. Zürich
u. Festschrift zur 39. Vers. d. Philol. in Zürich 1887. — S. Günther,
Geschichte des mathematischen Unterrichts im deutschen Mittelalter bis zum Jahre 1525. (Mon. Germ. Paedag. III.) Berlin
1887. — H. Denifle, Die Universitäten des Mittelalters bis
1400. Bd. I. Die Entstehung der Universitäten. Berlin 1885.

1365. Albert von Sachsen, Albertus de Saxonia. (Geb. zu
Riggensdorf in Sachsen, † 1390.) Der erste Rektor der
Wiener Universität 1365, vorher Dozent der Philosophie
und Mathematik zu Paris, von 1366—1390 Bischof von
Halberstadt. Lehrbücher: De latitudinibus formarum, Trac-
tatus proportionum, De maximo et minimo. De quadratura
circuli. De proportione dyametri quadrati ad costam ejusdem.
Kommentar zur Physik des Aristoteles. De coelo et mundo.

Lit. F. Jacoli, Intorno ad un commento di Benedetto Vittori,
medico Faentino, al tractatus proportionum di Alberto di Sassonia.

Boncompagni Bull. IV, 493—497, 1871. — B. Boncompagni,
Intorno al tractatus proportionum di Alberto di Sassonia. Bon-
compagni Bull. IV, 498—511, 1871. — M. Cantor, Vorles. ü.
Gesch. d. Math. II, 130—136. — H. Suter, Der Tractatus „De
quadratura circuli" des Albertus de Saxonia. Z. f. Math. XXIX.
Hl. Abt. 81—102, 1884. — H. Suter, Die Quaestio „De propor-
tione dyametri quadrati ad costam ejusdem" des Albertus de
Saxonia. Z. f. Math. XXXII, Hl. Abt. 41—56, 1887.

1368. **Heinrich von Langenstein.** (Langenstein 1325 — Wien
1397.) Henricus Hessianus.   Erst Lehrer der Mathematik
in Paris, dann Prof. math. et astron. an der Universität
Wien.   Förderer des astronomischen Studiums.   Eifriger
Bekämpfer der Astrologie.   Gab auch zur Verbreitung
mathematischer Kenntnisse in Deutschland den Anstofs.

   Lit. C. J. Gerhardt, Geschichte der Mathematik in Deutschland. München 1877. S. 3 f. — M. Cantor, Vorles. ü. Gesch.
d. Math. II, 136—137. — S. Günther, Gesch. d. math. Unterr.
i. deutsch. Mittelalter, S. 171 ff.

1370. **Introductionis liber** qui et pulveris dicitur in mathe-
maticam disciplinam.   Ein dürftiges lateinisches Lehrbuch
der Rechenkunst, unbekannten Verfassers.

   Lit. H. Narducci, Sur un manuscrit du Vatican, du XIV⁰
siècle, contenant un traité de calcul emprunté à la méthode
„Gobári". Lettre à M. Aristide Marre. Darboux Bull. (2) VII,
1883, 247—256. — M. Cantor, Vorles. ü. Gesch. d. Math. II,
142—144.

1370. **Eine italienische Algebra,** alcune cose di abaco, unbekannten Verfassers.   (Zinseszinsrechnung.   Gleichungen
bis zum 5. Grade, mit Ansatz. Zu denjenigen 3., 4. und 5.
Grades künstlich gefundene Wurzelwerte.   Geometrische
Anwendungen.)

   Lit. Auszugsweise in Libri, Hist. d. sc. math. en Italie II,
214 Note I und III, 302—349. — M. Cantor, Vorles. ü. Gesch.
d. Math. II, 144—150.

1380. **Simon Bredon,** Biridanus. Aus Winshecombe. Mediziner.
Astrolog.   Verfasste auch einige mathematische und astronomische Abhandlungen, u. a. eine Sehnentafel.

   Lit. H. Suter, Die Math. a. d. Univ. d. Mittelalters. Zürich
1887, S. 84. — M. Cantor, Vorles. ü. Gesch. d. Math. II. 101.

1380. **Rafaele Canacci** aus Florenz.   Schrieb eine Algebra in
italienischer Sprache, mit geschichtlichen Angaben.

   Lit. Libri, Hist. d. sc. math. en Italie. II, 208. — M. Cantor,
Vorles. ü. Gesch. d. Math. II. 152.

1383. Antonio Biliotti, genannt dall' Abaco.   Aus Florenz.
Lehrte Mathematik in Bologna.
> Lit. Libri, Hist. d. sc. math. en Italie. II, 205 Note 1. —
> M. Cantor, Vorles. ü. Gesch. d. Math. II, 150.

1386. Die Universität Heidelberg gegründet.
> Lit. H. Suter, Die Math. a. d. Univ. d. Mittelalters. Zürich
> 1887.

1390. Biagio da Parma, eigentlich Pelacani.   († 1416, 23. April,
Parma.)   Lehrte zu Paris, Pavia, Bologna, Padua, Parma
Astrologie und Philosophie.   Lehrer Beldomandi's.   Kommen-
tar zu Oresme's Latitudines formarum.   Statik, Perspektive.
> Lit. M. Cantor, Vorles. ü. Gesch. d. Math. II, 152 u. 187.

1400. Die Geometria Culmensis, die erste lateinisch und
deutsch herausgegebene Geometrie.   Zum Teil mit Be-
nutzung der Practica geometriae des Dominicus Pari-
siensis.   (Berechnung von Dreiecken, Vierecken, Vielecken
und teilweise krummlinig begrenzten Flächen.)
> Lit. Geometria Culmensis. Ein agronomischer Tractat
> aus der Zeit des Hochmeisters Conrad von Jungingen (1393—1407),
> herausg. von H. Mendthal, Publ. d. Ver. f. d. Gesch. von Ost-
> u. Westpreußen. Leipzig 1886. - M. Cantor, Vorles. ü. Gesch.
> d. Math. II, 137- 141.

1407. Johannes Schindel, Joannes de Praga.   (Königgrätz 1370
oder 1375 — Prag um 1450.)   Astronom und Mathematiker.   Direktor der St. Niclas - Schule in Prag,
1407 — 1409 Dozent der Mathematik und Astronomie in
Wien, seit 1410 Rektor der Prager Universität.
> Lit. J. Teige, Ein Beitrag zur Lebensgeschichte des Magister
> Joannes de Praga. Z. f. Math. XXVIII, III. Abt. 41—44, 1883.
> — S. Günther, Gesch. d. math. Unterr. im deutschen Mittel-
> alter. Berlin 1887. S. 228.

1409. Stiftung der Universität Leipzig.
> Lit. S. Günther, Gesch. d. math. Unterrichts etc. S. 197 ff.

1420. Prosdocimo de' Beldomandi.   (Padua zw. 1375 u.
1380—1428.)   Mathematiker und Astronom.   Lehrer der
Astrologie, Astronomie und Mathematik zu Padua.   'Algorismus de integris'.   Canon, Einmaleinstafel mit doppeltem
Eingang.   Über das Astrolabium.   Kommentar zu Sacro-
boscos Sphära.   De motibus corporum supercoelestium.
Mehreres über Geometrie. Astronomie und Musik.
> Lit. A. Favaro, Intorno alla vita ed alle opere di Pros-
> docimo de' Beldomandi, matematico Padovano del secolo XV,

6*

Boncompagni Bull. XII, 1—74, 115—251, 1879. Appeudice XVIII.
405—423, 1886. — M. Cautor, Vorles. ü. Gesch. d. Math. II,
187 ff.

1420. **Johann von Gemunden**, Joannes de Gamundia. (Gmünden
a. Traunsee zw. 1375 u. 1385 — Wien 1442, 23. Febr.)
Geistlicher, Prof. math. et astr. zu Wien, später Vizekanzler
daselbst. Der erste Fachprofessor der Mathematik an einer
deutschen Hochschule. Erweckte lebhaftes Interesse für die
Astronomie. 'Tractatus de minutiis physicis', ein Lehrbuch
der sexagesimalen Bruchrechnung. Planetentafeln. Kalender.
Verfertigte astronomische Instrumente.

Lit. Zach, Monatliche Korrespondeuz z. Bcf. d. Erd- u.
Himmelskunde, XVIII. — Stern, Joaunes de Gmunden. Ersch und
Gruber, Allg. Encyklopädie der Wisseuschaften uud Künste. —
C. J. Gerhardt, Geschichte der Mathematik in Deutschland.
München 1877, S. 5. f. — R. Wolf, Geschichte der Astronomie.
S. 86 f. — S. Günther, Geschichte des mathematischen Unter-
richts im deutschen Mittelalter. Berlin 1887. — M. Cantor,
Vorles. ü. Gesch. d. Math. II, 160 ff.

1430. **Ulugbegh**, Muhammed ibn Schahruch, Enkel Tamerlans
(Sultanich 1394 — Samarkand 1449). Persischer Fürst.
Erbaute 1420 zu Samarkand eine Sternwarte, auf der er
selbst beobacbtete, und mit der er eine Art astronomischer
Akademie verband.

Lit. R. Wolf, Geschichte der Astronomie. S. 74 ff. —
M. Cantor, Vorl. ü. Gesch. d. Math. I, 670 f. — J. Greaves,
Epochae celebriores astronomis, chronologis, historicis, Chataiorum,
Syro-Graecorum, Arabum, Persarum, Chorasmiorum usitatae, ex
traditioue Ulug Beigi, Iudictae. Loudon 1650. — Delambre,
Histoire de l'astronomie du moyen âge. Paris 1819. — F. Baily,
The catalogues of Ptolemy, Ulugh Beigh, Tycho Brahe, Halley
and Hevelius, deduced from the best authorities, with various
uotes and corrections. Mem. Astr. Soc. XIII, London 1843. —
L. Am. Sédillot, Prolégomènes des tables astrouomiques d'Oloug
Beg, trad. et commentaire. Paris 1853.

1435. **Gijat Eddin Al-Kaschi**, eigentlich Dschamschid ibn Masud
ibn Mahmud, oder Atabeddin Dschamschid. Arzt in der
Umgebung Ulugbeghs. Schrieb eine Abhandlung „Schlüssel
der Rechenkunst", worin Formeln für Σn^3 und Σn^4 und
eine Näherungsmethode für die Auflösung der Gleichung
$x^3 + Q = Px$, wo P gegen Q sehr grofs.

Lit. M. Cantor, Vorles. ü. Gesch. d. Math. I, 670—672. —
Fr. Wöpcke, Passages relatifs à des sommations de séries de
cubes. Rome 1864, 22—25. — H. Hankel, Zur Gesch. d. Math.
iu Altertum u. Mittelalter. Leipzig 1874, S. 289—293.

1436. Johann Gutenberg erfindet die Buchdruckerkunst. (Mit einzelnen geschnitzten Lettern gedruckt: die Mainzer Bibel 1456; mit gegossenen Buchstaben: der Psalter 1459.)

Lit. Falkenstein, Geschichte der Buchdruckerkunst in ihrer Entstehung und Ausbildung. Leipzig 1856.

1440. Alberti, Leo Battista. (Genua 1404, 14. Febr. — Rom 1472, im April) Baumeister in Florenz, Padua, Bologna, Rom. Erfand 1434 ein Instrument velo, Schleier, um Zeichnungen zu vergröfsern und zu verkleinern. Bestimmte in seinem Werke „Della statua" die Proportionen des menschlichen Körpers mathematisch. Die „Tre libri della pittura" enthalten die dem Maler notwendigen geometrischen und physikalischen Kenntnisse. In den „Elementi di pittura" viel Geometrisches. „Prospettiva" „Ludi matematici". „Dell' arte d'edificare"

Lit. A. Favaro, Vita di Leon Battista Alberti di Girolamo Mancini. Boncompagni Bull. XVI, 325—332, 1884.

1445. Der orste deutsche Algorithmus. Ein Rechenbuch für Lateinschulen. Die additio, subtractio, duplatio, mediatio, multiplicatio, divisio, radices, nach indischem Muster.

Lit. Friedr. Unger, Das älteste deutsche Rechenbuch, herausgegeben und übersetzt. Z. f. Math. XXX, III. Abt. 125—145, 1888. — M. Cantor, Vorles. ü. Gesch. d. Math. II, 159—160.

1448. Nicolaus von Cusa. (Cuss a. d. Mosel 1401 — Todi 1464, 11. Aug.) Geistlicher in Coblenz, Lüttich und Brixen; seit 1448 Kardinal und Statthalter von Rom. Vorläufer des Coppernicus. Schrieb über die Quadratur des Zirkels (Arkulikation einer Geraden). Vorschlag zur Verbesserung des Kalenders und zur Verbesserung der Alfonsinischen Tafeln. Physikalisches. Theologisches. Philosophisches. 'De docta ignorantia'. (Alles Sein besteht aus Bewegung. Die Vereinigung der Gegensätze ist die Grundlage des Wissens.)

Lit. M. Cantor, Vorles. ü. Gesch. d. Math. II. Kap. LI, Nicolaus Cusanus. S. 170—187. — Schanz, Der Kardinal Nicolaus von Cusa als Mathematiker. Pr. Rottweil 1872. — Schanz, Die astronomischen Anschauungen des Nicolaus von Cusa und seiner Zeit. Pr. Rottweil 1873. — S. Günther, Studien zur Geschichte der mathematischen und physikalischen Geographie. Heft I. Halle 1877. — J. Schäfer, Des Nicolaus von Kues Lehre vom Kosmos. Diss. Giefsen 1887. — A. Heller, Geschichte der Physik. I, S. 210 ff. — F. Kaltenbrunner, Die

Vorgeschichte des gregorianischen Kalenders. Wien 1876. —
Opera omnia, ed. Faber Stapulensis, 3 vol. fol. Paris 1514.
(De docta ignorantia, worin die Bewegung der Erde gelehrt wird.
De staticis experimentis dialogus. Reparatio calendarii et correctio
tabularum Alphonsi. De ludo globi. De mathematica perfectione.
De quadratura circuli. De transmutationibus geometricis. De
arithmeticis complementis etc.)

1449. Jakob von Cremona.   Lehrte zu Mantua und Rom.
Übersetzte den Archimedes.   Kritisierte die Übersetzungen
des Georg von Trapezunt.

    Lit. Val. Rose, Deutsche Litteraturzeitung V, 292, 1884.
— M. Cantor, Vorles. ü. Gesch. d. Math. II, 192.

1449. Georg von Trapezunt.   (Creta 1396 — in Italien 1486.)
Übersetzte den Almagest des Ptolemäus und Theons Erläuterungen.

    Lit. M. Cantor, Vorles. ü. Gesch. d. Math. II, 192.

1450. Bianchini, Giovanni.   Lehrte Astronomie zu Ferrara.
Kommentierte und verbesserte die Alfonsinischen Tafeln
auf Verlangen Kaiser Friedrichs III.   Förderte durch seinen
Einfluſs Peuerbach und Regiomontanus.   Briefwechsel mit
letzterem.

    Lit. R. Wolf, Gesch. d. Astr. S. 79, 87. — Mädler, Gesch.
d. Himmelskunde. Braunschweig 1873, S. 101, 107, 120, 124.
— M. Cantor, Vorles. ü. Gesch. d. Math. II, 234, 239 ff.

1450. Georg von Peuerbach, oder Purbach.   (Peuerbach in
Ober-Österreich 1423, 30. Mai — Wien 1461, 8. April.)
Studierte zu Rom, Ferrara, Bologna, Padua u. a. und wurde
Prof. math. et astr. an der Universität Wien.   Wiederher-
steller der Wissenschaften.   Beförderte das Rechnen mit
ganzen Zahlen durch seine „Elementa arithmetices" und seinen
„Algorithmus de integris", der die algebraischen Operationen bis zum Radizieren, die Arithmetik und' die geometrischen Reihen lehrt.   Berechnete eine Sinustafel von
10 zu 10' für den Radius 60000.   Die Einleitung dazu
wurde als „Tractatus Georgii Purbachii super propositiones
Ptolemaei de sinubus et chordis 1541" in Nürnberg mit
einer Tabelle des Regiomontanus gedruckt.   Die mit seinem
Schüler Regiomontanus ausgearbeitete „Epitoma in Almagestum Ptolemaei", 1496 zu Venedig gedruckt, verbreitete
die Astronomie der Griechen in weite Kreise.   Das Werk
„Theoricae novae planetarum", 1472 zu Nürnberg durch
Regiomontan herausgegeben, ist ein wiederholt gedrucktes

astronomisches Lehrbuch für höhere Schulen.   Erfand ein Mefsinstrument, quadratum geometricum.

Lit. Doppelmayr, Historische Nachricht von den Nürnbergischen Mathematicis und Künstlern.   Nürnberg 1730. — Gassendi, Georgii Peurbachii et Joannis Mulleri Regiomontani Astronomorum celebrium vita. Haag 1655. — C. J. Gerhardt, Geschichte der Mathematik in Deutschland.   München 1877. S. 8 ff.   S. Günther, Gesch. d. math. Unterr. im deutsch. Mittelalter. Berlin 1887, S. 235 ff. — A. Favaro, Le matematiche nello studio di Padova dal principio del secolo XIV. alle fine del XVI. Padova 1880. — Pfleiderer, Ebene Trigonometrie mit Anwendungen u. Beitr. z. Gesch. ders. Tübingen 1802. — A. G. Kästner, Gesch. d. Math. I. Göttingen 1796. III. Abschnitt. Gesch. d. Trigonometrie, S. 512—634. — Quadratum geometricum. Canones pro compositione et usu gnomonis etc. Nürnberg 1516.

1453. Eroberung Konstantinopels durch die Osmanen.   Griechische Gelehrte fliehen nach Italien und verbreiten dort die griechische Sprache und die Originalwerke der alten Mathematiker.

Lit. S. Günther, Gesch. d. math. Unterr. im deutsch. Mittelalter. Berlin 1887. S. 213 ff. — M. Cantor, Vorles. ü. Gesch. d. Math. I, 437, 672 f.

1456. Gründung der Universität Greifswald.

Lit. S. Günther, Gesch. d. math. Unterr. 214. 215. 272.

1459. Gründung der Universität Basel.

Lit. Vischer, Gesch. d. Univ. Basel von der Gründung bis zur Reformation. Basel 1860. — S. Günther, Gesch. d. math. Unterr. im deutsch. Mittelalter. S. 216 u. 266.

1460. Alkalsâdî, Abul Hasan Ali ben Mohammed.   († 1486 oder 1477.) Andalusier oder Granader.   Schrieb eine weitere Ausführung und einen Kommentar zum Talchis. (Arithmetik der ganzen Zahlen, kein komplementäres Rechnen, Brüche, aufsteigende Kettenbrüche, Wurzeln, Näherungswerte, Auffindung der Unbekannten.   Erstes Auftreten eines Wurzelzeichens und eines Gleichheitszeichens.)

Lit. F. Wöpcke, Alkasadi. Journ. Asiat. 1854, 358—360, 1863, 1. Sem., 58 62.   F. Wöpcke, Traduction du traité d'arithmétique d'Abul Hasan Alkalsadi. Atti d. Acc. Pont. d. Nuov. Linc. XII, 230—275, 399—438, 1859. — M. Cantor, Vorles. ü. Gesch. d. Math. I, 694—699.

1461. Älteste Spur deutscher Algebra.   In einer Münchener Handschrift, teils in lateinischer, teils in deutscher Sprache.

Eine vollständige Bruchrechnung, eine Arithmetik, Progressionen, regula falsi und viele andere Regeln, ein Auszug aus der Algebra des Alchwarizmi, Oresme's Algorismus proportionum, Bradwardinus' Geometrie, die geometrischen Schriften des Nicolaus Cusanus, eine Geometria practica cum figuris.

Lit. C. J. Gerhardt, Berl. Ak. Monatsber. 1867, 38 ff.; 1870, 141—143. — Wappler, Zur Gesch. d. deutsch. Algebra im XV. Jahrh. Pr. Zwickau 1887. — M. Cantor, Vorles. ü. Gesch. d. Math. II, 218 ff.

1468. Paolo Toscanelli. (Florenz 1397—1482, 15. Mai.) Arzt. Studiengenosse des Nicolaus von Cusa. Teilte die Idee, dafs die Ostküste Asiens durch eine Seefahrt nach Westen zu erreichen sei, dem Kolumbus mit. Errichtete in der Kirche St. Maria del Fiore in Florenz einen Gnomon von 277' Höhe, der den Mittag bis auf $\frac{1}{2}$ ˢ genau bestimmen liefs, und verbesserte damit die Alfonsinischen Tafeln.

Lit. R. Wolf, Geschichte der Astronomie. S. 84. — G. Uzielli, Ricerche intorno a Paolo dal Pozzo Toscanelli. Boncompagni Bull. XVI, 1883, 611—618. — Cusani Opera. Basil. 1565, p. 1095 ff: Dialogus inter Cardinalem sancti Petri Episcopum Brixinensem et Paulum physicum Florentinum de circuli quadratura. — M. Cantor, Vorles. ü. Gesch. d. Math. II, 171, 178, 182. — A. v. Humboldt, Kritische Untersuchung über die historische Entwickelung der geographischen Kenntnisse von der neuen Welt, 1. Deutsch. v. Ideler, 1836. — Ximenes, Del vecchio e nuovo gnomone fiorentino. Firenze 1757.

1468. Regiomontanus, Johannes Müller. (Unfind bei Königsberg in Unterfranken 1436, 6. Juni. — Rom 1476, 6 Juli.) Schüler, Freund und Mitarbeiter Peuerbachs zu Wien, las bis 1461 über Astronomie daselbst, dann auf Reisen, meist in Italien, hielt Vorlesungen zu Venedig, Rom, Padua und Ferrara, kehrte 1468 nach Wien zurück, seit 1471 in Nürnberg, 1475 vom Papste Sixtus IV. behufs einer Kalenderreform nach Rom berufen. Mathematiker, Astronom, Geograph; hochverdient um die Verbreitung der Mathematik in Deutschland. Übersetzer und Kommentator griechischer Mathematiker, die er im Original studierte, Verfertiger astronomischer Instrumente. Führte 1460 consequent die Dezimalbruchrechnung ein. Unterwarf 1463 die Schrift des Nicolaus Cusanus über die Quadratur des Kreises einer vernichtenden Kritik. Verfafste 1463 das erste Lehr-

buch der Trigonometrie: „De triangulis omnimodis libri V."
Darin der Sinussatz, die Formel $\varDelta = \frac{1}{2}$ ab sin γ, die Be-
rechnung der Winkel eines sphärischen Dreiecks aus den
Seiten. Berechnete eine Sinustafel für jede Minute und
$r = 600\,000$, später $r = 10$ Million, und eine Tangenten-
tafel für jeden Grad und $r = 100\,000$, die von Erasmus
Reinhold in einer Neuausgabe, Tübingen 1554, auf jede
Minute und $r = 10$ Million erweitert wurde. Introductio in
Elementa Euclidis. Zusätze zu einer Euklidhandschrift (über
Sternvielecke). Astronomische Anwendung des Jakobsstabes.

Lit. S. Günther, Müller, Johannes. Allg. deutsche Biographie XXII, 564—581. — Doppelmayr, Historische Nachricht
von den Nürnbergischen Mathematicis und Künstlern. Nürnberg
1730. — Ziegler, Regiomontanus (Joh. Müller aus Königsberg
in Franken) ein geistiger Vorläufer des Kolumbus. Dresden 1874,
u. Cantor, Recension. Z. f. Math. XIX, Hl. Abt. 41—53, 1874.
— M. A. Stern, Johannes de Monteregio. Ersch u. Gruber,
Allg. Encyklop. d. Wiss. u. Künste, 1842. — C. J. Gerhardt,
Geschichte der Mathematik in Deutschland. München 1877.
S. 12 ff. — S. Günther, Geschichte des mathematischen Unter-
richts im deutschen Mittelalter. S. 241 ff. — M. Cantor,
Vorles. ü. Gesch. d. Math. II, 232—265. — H. Petz, Urkundl.
Nachrichten ü. d. lit. Nachlaſs Regiomontans u. B. Walthers
Mitteilungen d. Ver. f. d. Gesch. d. Stadt Nürnberg VII, 237—262,
1888. — Briefwechsel in Ch. Th. de Murr, Memorabilia Biblio-
thecarum public. Norimbergensium et universitatis Altdorfinae.
Pars I, 1786. — R. Wolf, Gesch. d. Astronomie. S. 87 ff. —
A. Heller, Geschichte der Physik. I, S. 256 ff.

1471. **Indische Ziffern** zur Numerierung der Blätter zum ersten
Male in Petrarcas „Liber de remediis utriusque fortunae Colo-
niae, Aroldus ter Hoernen, Köln 1471." Bis 1500 kommen
in Deutschland fast ausschlieſslich römische Ziffern vor.

Lit. Friedr. Unger, Die Methode der praktischen Arithmetik in historischer Entwickelung vom Ausgange des Mittelalters bis auf die Gegenwart. Leipzig 1888. S. 13 ff.

1472. **Sacrobosco's Sphaera**, zum ersten Male zu Ferrara gedruckt,
wird das beliebteste Lehrbuch der mathematischen Geographie auf den Universitäten.

Lit. H. Suter, Die Mathematik auf den Universitäten des
Mittelalters. Zürich. Festschr. d. Kantonschule 1887, S. 67

1472. **Gründung der Universität Ingolstadt.** Die Universität
wurde 1800 nach Landshut und 1826 nach München verlegt.

Lit. S. Günther, Gesch. d. math. Unterr. im deutsch.
Mittelalter. S. 196. 216 f.

1473, 19. Februar. Nicolaus Coppernicus, der Reformator der Astronomie, zu Thorn geboren.

> Lit. R. Wolf, Geschichte der Astronomie. S. 222 ff. — C. J. Gerhardt, Geschichte der Mathematik in Deutschland. S. 87 ff. — L. Prowe, Nicolaus Coppernicus. Berlin 1883.

1474. Brudzewski, Albert Blar von Brudzewo. (1445 — Wilna 1497.) Las über Astronomie und Mathematik zu Krakau, trat 1494 als Sekretär in die Dienste des Fürsten Alexander von Littauen. Lehrer des Coppernicus. Schrieb einen Kommentar zu Peuerbachs „Theoricae novae planetarum".

> Lit. R. Wolf, Gesch. d. Astr. S. 223. — M. Cantor, Vorles. ü. Gesch. d. Math. II, 231.

1475. Editio princeps der Geographie des Ptolemäus. „En tibi lector Cosmographia Ptolemaei, ab Hermanno Levi-Lapide (Lichtenstein) Coloniensi, Vicentiae accuratissime impressa."

1476. Bernhard Walther. (Nürnberg 1430—1504, Mai.) Reicher Patrizier, der Regiomontans Arbeiten unterstützte und fortsetzte. Erbaute zu Nürnberg eine Sternwarte. Bemerkte zuerst die Refraktion und ersann ein Mittel, sie zu korrigieren. Konstruierte eine astronomische Uhr mit Räderwerk.

> Lit. R. Wolf, Gesch. d. Astr. S. 92 ff. — Observationes XXX annorum a Jo. Regiomontano et B. Walthero Norimbergae, ed. Schoner. Norimb. 1544.

1477. Gründung der Universität Tübingen.

> Lit. S. Günther, Gesch. d. math. Unterr. i. dtsch. Mittelalter. S. 218.

1478. Die Arithmetik von Treviso. Aus der Druckerei von Michael Manzolo oder Manzolino in Treviso. Verfasser unbekannt. Regeln der Arithmetik für Kaufleute. (Verschiedene Methoden der Multiplikation und Division, Anwendungen, regola de le tre cose, Mischungsrechnung etc.)

> Lit. B. Boncompagni, Atti d. Acc. Pontif. di N. Lincei XVI, 1862—63, 1—64, 101—228, 301—364, 389—452, 503—630, 683—842, 909—1044. — M. Cantor, Vorles. ü. Gesch. d. Math. II, 277—280.

1481. Chiarini. „Tarif, Libro de mercatantie et usance dei Paesi." Münz-, Maſs- und Gewichtsvergleichungstafeln.

> Lit. M. Cantor, Vorles. ü. Gesch. d. Math. II, 301.

1482. Editio princeps der Elemente des Euklid. ʿPraeclarissimns liber Elementorum Euclidis perspicacissimi in artem geometriae

incipit quam felicissime. Opus Elementorum Euclidis Mega-
rensis in geometriam artem; in id quoque Campani perspicacissimi commentationes, Erhardus Ratdolt, Augustensis
impressor solertissimus, Venetiis impressit, anno salutis 1482.'
Von Ratdolt wurden zum ersten Male mathematische Figuren
durch den Druck vervielfältigt.

Lit. H. Weissenborn, Die Übersetzungen des Euklid durch
Campano und Zamberti. Eine mathematisch-historische Studie.
Halle 1882. — M. Cantor, Vorles. ü. Gesch. d. Math. II, 266.

1482. **Ulrich Wagner.** Nürnberger Rechenmeister. Rechenbuch,
gedruckt von Heinrich Petzensteiner in Bamberg, das
älteste gedruckte deutsche Rechenbuch.

Lit. Friedr. Unger, Die Methodik der praktischen Arithmetik in historischer Entwickelung vom Ausgange des Mittelalters
bis auf die Gegenwart. Nach den Originalquellen bearbeitet.
Leipzig 1888. — Das älteste deutsche Rechenbuch. Herausgegeben
und übersetzt von Friedr. Unger. Z. f. Math. XXXIII, Hl. Abt.
125 145, 1888. — M. Cantor, Vorles. ü. Gesch. d. Math. II, 202.

1483. **Bamberger Rechenbuch.** Ein zweites deutsches Rechenbuch
von unbekanntem Verfasser bei Petzensteiner in Bamberg
gedruckt, von späteren deutschen Rechenmeistern vielfach
benutzt. (Die 4 Spezies mit ganzen Zahlen und Brüchen. Die
gulden-Regel. Von gesellschaft. Tolletrechnung. Mischungsrechnung. Nach dem Muster italienischer kaufmänuischer
Rechenbücher.)

Lit. Friedr. Unger, Die Methodik der praktischen Arithmetik in historischer Entwickelung etc. Leipzig 1888. S. 37 ff. —
M. Cantor, Vorles. ü. Gesch. d. Math. II, 202 ff.

1483. **Alfonsi** regis Castellae coelestium motuum tabulae. Venetiis.
1483. **Domenico Maria Novara da Ferrara.** (1454 — Bologna
1504, 15. Aug.) Prof. astr. in Bologna. Lehrer des Coppernicus. Bedeutend als beobachtender Astronom. Bemerkt
zuerst, dafs der Pol der Weltaxe seit Ptolemäus dem Zenit
um 1° sich genähert. Bestimmt die Schiefe der Ekliptik
zu 23° 29'.

Lit. M. Curtze, Domenico Maria Novara da Ferrara, der
Lehrer des Coppernicus in Bologna. Altpreufs. Mouatsschr. VI,
735—743; VII, 253—256, 515—521, 726—727. Thorn 1869 u. 1870.
— S. Günther, Studien zur Gesch. d. math. und phys. Geographie.
Heft 1. Halle 1877. — F. Jacoli, Intorno alla determinazione
di Domenico Maria Novara dell' obliquità dell' eclittica. Boncompagni Bull. X, 75—89, 1877.

1484. Nicolas Chuquet. (Aus Lyon, † um 1500.) Lebte zu Paris. 'Le Triparty en la Science des Nombres', worin Regeln für die Rechnung mit Potenzen und Wurzeln, die Exponentenbezeichnung a^0, a^1, a^2,.. für a, $a\,x$, $a\,x^2$,.. und $a^{1\bar{m}}$ für $a\,x^{-1}$, Sätze über Gleichungen, die oft in ganz allgemeiner Form erscheinen; Mediationsregel, d. h. Approximationsmethode, zur Ausziehung von Quadratwurzeln und höheren Wurzeln; zahlreiche Aufgaben zur Anwendung auf Arithmetik, Algebra und Geometrie.

Lit. A. Marre, Notice sur Nicolas Chuquet et son triparty en la science des nombres. Boncompagni Bull. XIII, 1880, 555—592. — Le triparty en la science des nombres par Maistre Nicolas Chuquet Parisien d'après le manuscrit fonds français, No. 1346 de la bibliothèque nationale de Paris. ib. XIII, 593—659, 693—814, 1880. Appendice. ib. XIV, 1881, 413—417. — Problèmes numériques, faisant suite et servant d'application au Triparty en la science des nombres de Nicolas Chuquet Parisien. ib. 417—460. — M. Cantor, Vorles. ü. Gesch. d. Math. II, 318—334.

1485. Francesco Capuano. Später **Giovanni Battista** da Manfredonia. (Manfredonia c. 1450 — Neapel 1490.) Astronom, später Mönch. Kommentar zu Sacrobosco's De sphaera und zu Peuerbach's Theoricae novae planetarum.

Lit. P. Riccardi, Intorno ad alcune rare edizioni delle opere astronomiche di Francesco Capuano da Manfredonia. Modena 1873.

1487. Hanns Briefmaler, Buchdrucker zu Nürnberg. (Auch Maler **Hanns Sporer** oder **Hanns Buchdrucker** genannt.) Läfst das erste **Visierbüchlein** erscheinen, eine Anleitung, den Inhalt von Hohlmafsen und Fäfsern zu bestimmen.

Lit. S. Günther, Gesch. d. math. Unterr. S. 328 f.

1489. Johann Widmann von Eger. Hielt Vorträge über Algebra an der Universität Leipzig. 'Behende vnd hubsche Rechenung auff allen Kauffmannschafft', Leipzig. **Ursprung der deutschen Coss.** Denn neben dem Rechnen mit ganzen Zahlen und Brüchen enthält das Buch die Lehre von den Proportionen, die gulden Regel und andere Regeln, die Summation arithmetischer und geometrischer Reihen, Geometrie nach Frontinus, die heronische Dreiecksformel, eine Formel für den Radius des einem Dreieck umschriebenen Kreises, u. a. Wahrscheinlich ist Widmann Verfasser des 'Algorithmus linealis', eines handschriftlichen Rechenbuches der Erlanger Universitätsbibliothek.

Lit. C. J. Gerhardt, Geschichte der Mathematik in Deutschland. München 1877. S. 30 f. — S. Günther, Geschichte des

mathematischen Unterrichts im deutschen Mittelalter. S. 304 ff.
— M. Cantor, Vorles. ü. Gesch. d. Math. II, Kap. LIV: Johannes
Widmann und die Anfänge einer deutschen Algebra. S. 209—229.
— B. Boncompagni, Intorno ad un trattato d'aritmetica di
Giovanni Widmann di Eger. Boncompagni Bull. IX, 188—210,
1876. — M. W. Drobisch, De Joannis Widmanni Egerani com-
pendio arithmeticae mercatorum. Lipsiae 1840. — Friedr. Unger,
Die Methodik der praktischen Arithmetik in historischer Ent-
wickelung etc. Leipzig 1888. — E. Wappler, Beitrag zur Ge-
schichte der Mathematik. Z. f. Math. XXXIV, Suppl. 147—168,
1889. — P. Treutlein, Die deutsche Coss. Z. f. Math. XXIV,
Suppl. 1—124, 1879. — G. Friedlein, Die Zahlzeichen und das
elementare Rechnen der Griechen und Römer und des christl.
Abendlandes vom 7. bis 13. Jahrhundert. Erlangen 1869, S. 48. —
E. Wappler, Zur Geschichte der deutschen Algebra im 15 Jahrhundert. Pr. Zwickau 1887.

1490. **Leonardo da Vinci.** (Vinci bei Florenz 1452 — Schlofs
Cloux bei Amboise 1519, 2. Mai.) Der berühmte Maler.
Lebte zu Florenz, Mailand, Rom und ging 1516 mit König
Franz I. nach Frankreich. 'Trattato della pittura'. Trattato
del moto e misura del aqua. Begründer der Optik. Perspektive. Viele Aufsätze mathematischen, physikalischen und
technischen Inhalts. Gebrauchte die Vorzeichen $+$ und $-$,
konstruierte $\sqrt{n}$ als Höhe eines rechtwinkligen Dreiecks, unterschied Curven einfacher und doppelter Krümmung, be-
schäftigte sich viel mit Sternpolygonen, gab für die Praxis
wichtige, annähernd richtige Zeichnungen regelmäfsiger
Vielecke unter Anwendung einer einzigen Zirkelöffnung.
Kannte die Theorie der schiefen Ebene, bestimmte den Schwerpunkt einer Pyramide, entdeckte die Kapillarität und die
Diffraktion, benutzte die Camera obscura (ohne Linse), berück-
sichtigte den Widerstand der Luft und die Wirkung der
Reibung.

Lit. Venturi, Essai sur les ouvrages physico-mathématiques
di Léonardo da Vinci. Paris 1797. — Libri, Histoire des
sciences mathématiques en Italie II, 40—54, III, 10—58. — Scritti
letterari di Lionardo da Vinci cavati dagli Autografi e pubbli-
cati da J. P. Richter. 2. vol. London 1883. — Les manuscrits de
Léonard da Vinci, publiés en facsimilés avec transcription
littérale, trad. franç. etc. par M. Charles Ravaissou-Mollien.
Le Manuscrit A de la Bibliothèque de l'Institut. Paris 1881. —
A. Heller, Geschichte der Physik. 1, S. 222 ff. — M. Cantor,
Vorles. ü. Gesch. d. Math. II, 270 ff.

1492. **Martin Behaim**, Ritter von Böheim. (Nürnberg c. 1436 —
Lissabon 1507, 29. Juli.) Kaufmann und Geograph, lange

im Dienste Königs Johann II. von Portugal. Konstruiert den
ersten Erdglobus, mit vielen handschriftlichen Bemerkungen.
  Lit. R. Wolf, Geschichte der Astronomie. München 1877.
  S. 99 f.

1492. **Entdeckung der magnetischen Deklination.**
  Lit. Timoteo Bertelli, Sopra Pietro Peregrino di Maricourt
  e la sua Epistola de Magnete. Boncompagni Bull. I, 1—32, 1868.
  — Timoteo Bertelli, Sulla Epistola di Pietro Peregrino di
  Maricourt e sopra alcuni trovati e teorie magnetiche del secolo XIII.
  ib. I, 65—99, 101—139, 379—420, 1868.

1492. **Christoph Columbus.** (Genua 1436 — Valladolid 1506,
  20. Mai.) Entdeckung Amerikas.

1492. **Georg Valla** aus Piacenza. Übersetzte das XIV. Buch der
  Elemente Euklids, die Introductio harmonica, Proklus' De
  sphaera, Nicephorus' De Astrolabio, Aristarch's von Samos
  Über die Größen und Abstände von Sonne und Mond, Cleo-
  medes' Cyclica theoria, Timaeus' De mundo, Aristoteles' De
  coelo. Encyclopädie: „De rebus expetendis ac fugiendis", worin
  nach griechisch-römischen Vorbildern Arithmetik in 3, Musik
  in 5, Geometrie in 6 Büchern (auch eine Abhandlung über
  die Kegelschnitte), Mechanik, Optik, Astronomie, Astrologie
  u. a., von P. Valla 1501 herausgegeben.
  Lit. R. Wolf, Geschichte der Astronomie. München 1877.
  S. 170. — A. Heller, Geschichte der Physik. I, S. 103. —
  M. Cantor, Vorles. ü. Gesch. d. Math. II, 316.

1494. **Luca Paciuoli,** Fra Luca di Borgo di Santi Sepulchri.
  (Borgo San Sepolcro, Toscana, um 1445 — Florenz um 1509.)
  Lehrte zu Florenz, Perugia, Rom, Pisa, Neapel, Mailand,
  Bologna und Venedig. Beförderte das Rechnen in Italien.
  Sein Werk: 'Summa de Arithmetica, Geometria, Proportioni
  et Proportionalita', Venet. 1494, ist das erste größere
  mathematische Werk, das unter die Presse kam. Es
  enthält neben der praktischen Arithmetik die ganze Algebra
  und Geometrisches sowie Stereometrisches. Es ist zugleich
  das bedeutendste mathematische Werk des XV. Jahrhunderts
  und ward eine Quelle für die folgenden italienischen Mathematiker. Ferner schrieb Paciuoli eine Abhandlung über die
  Baukunst und über das Schachspiel, ein Buch Divina proportione, De viribus quantitatis. Eine Euklidausgabe wurde
  Venedig 1509 gedruckt.
  Lit. B. Boncompagni, Intorno alle vite inedite di tre
  matematici (Giovanni Danck di Sassonia, Giovanni di Lineriis e

Fra Luca Paciuoli da Borgo San Sepolcro), scritte da Bernardino Baldi. Boncompagni Bull. XII, 352—428; Appendice di documenti inedite relativi a Fra Luca Paciuoli. Ib. 428—439, 1879. Giunte ib. 881—890. Jäger, Lucas Paciuoli und Simon Stevin. Stuttgart 1876. — H. Staigmüller, Lucas Paciuoli. Eine biographische Skizze. Z. f. Math. XXXIV, Hl. Abt. 81—102, 121—128, 1889. — Friedr. Unger, Die Methodik der praktischen Arithmetik in historischer Entwickelung vom Ausgange des Mittelalters bis auf die Gegenwart. Leipzig 1888 S. 42 ff. — S. Günther, Geschichte des mathematischen Unterrichts im deutschen Mittelalter. Berlin 1887. — M. Cantor, Vorles. ü. Gesch. d. Math. II, 280—315.

1496. **Jacques Lefèvre**, Faber Stapulensis. (Étaples 1455 — Nérac 1537.) Studierte in Paris, ging dann nach Italien und kehrte 1492 nach Frankreich zurück. Gab 1496 die Arithmetik des Jordanus Nomorarius, 1507 die Sphära des Johannes von Sacrobosco, 1514 Werke des Nicolaus von Cusa heraus und veröffentlichte 1516 eine Euklidausgabe, die 15 Bücher der Elemente in der Übersetzung des Campanus und des Zamberti.

Lit. M. Cantor, Vorles. ü. Gesch. d. Math. II, 334—336.

1496. **Gregor Reisch.** Karthäuser-Prior zu Freiburg und Beichtvater Kaiser Maximilians I. 'Margaritha philosophica', eine Encyklopädie, worin Perspektive, Mefskunst und anderes Mathematisches.

Lit. R. Wolf, Geschichte der Astronomie. München 1877. S. 81 f. — S. Günther, Gesch. d. math. Unterr. im deutsch. Mittelalter. Berlin 1887, S. 248, 283 ff.

1500. **Johannes Werner.** (Nürnberg 1468—1528.) Geistlicher, 1493—98 in Rom, dann wieder in Nürnberg. Mathematische, geographische, astronomische Schriften. De motu octavae sphaerae tractatus duo. Meteorologische Beobachtungen.

Lit. C. J. Gerhardt, Geschichte der Mathematik in Deutschland. München 1877, S. 23 f. — R. Wolf, Geschichte der Astronomie. München 1877. S. 100.

Register.